下装结构设计方法研究

毛晓凛　彭　慧　著

北京工业大学出版社

图书在版编目（CIP）数据

下装结构设计方法研究 / 毛晓凛，彭慧著 . — 北京 ：
北京工业大学出版社，2019.11
ISBN 978-7-5639-7235-7

Ⅰ．①下… Ⅱ．①毛… ②彭… Ⅲ．①裙子－服装结
构－结构设计－研究②裤子－服装结构－结构设计－研究
Ⅳ．① TS941.717

中国版本图书馆 CIP 数据核字（2019）第 283823 号

下装结构设计方法研究

著　　者：毛晓凛　彭　慧
责任编辑：刘　蕊
封面设计：点墨轩阁
出版发行：北京工业大学出版社
　　　　　（北京市朝阳区平乐园 100 号　邮编：100124）
　　　　　010-67391722（传真）　bgdcbs@sina.com
经销单位：全国各地新华书店
承印单位：定州启航印刷有限公司
开　　本：710 毫米 ×1000 毫米　1/16
印　　张：13.75
字　　数：275 千字
版　　次：2019 年 11 月第 1 版
印　　次：2020 年 6 月第 2 次印刷
标准书号：ISBN 978-7-5639-7235-7
定　　价：59.00 元

前 言

　　本书是在对服装结构理论研究的基础上，集原型法、比例法、立裁法等多种裁剪法的优点于一身，以我国标准体型的人体比例为基准。本书主要研究下装的结构设计制图方法，注重原型法和比例法的结合运用。服装结构是一个既要懂理论又要懂操作的学科，它的涉及面十分广泛，尤其是现在时装流行及变化之快，让人目不暇接，人们不再仅仅是注重衣服穿上身时的外观感觉，还要求服装既美化了穿着者自身，而又要安全、方便、舒适，这些都依赖于服装结构设计师的板型技术，也就是说，下装款式的流行变化，结构设计举足轻重。因此，我们可以预见，社会对此类服装的需求和要求给予结构设计的压力还是相当大的，因此一贯的传统结构也应有所改变和创新。为了更有效地提高裙装、裤装结构设计方法，经认真总结来自各个地区和各流派的优势，结合作者的实际情况，再经认真筛选而编写此书。本书的宗旨是以"方法创新且简便易懂、款式具有各个时代代表性"的思路为前提来进行构思，有机地把下装结构的原理和时尚下装的变化结构与工艺结合在一起，对下装结构设计研究有很大的突破创新。

　　本书主要解决一些下装各种款式的制图方法，通过原型法和比例法的对比来研究裙装、裤装结构设计原理，主要阐述在保证舒适性的前提下，裙装、裤装的不断变化款式的设计方法的研究，廓形、各部件的变化结构的处理，省道、省褶处理等细部结构设计及基本服装的知识其特点是系统性强，进而显示了知识接合的流畅性，知识面具有广泛性和代表性，在专业基础知识中能循序渐进并系统地连贯起来，使其层次分明并具有较强的目的性、计划性、时段性及良好的条理性。

　　由于本书涉及的流派较多，地区差异、文化差异难免。因此，难免会有不足之处，希望各位专家和同行多提宝贵意见，我们将不断改进和完善。

该书由毛晓凛、彭慧合著，字数共 25 万字。其中毛晓凛负责该书的第一、二、三、四章和五章部分内容的编写，合计 20 万字的撰写工作；彭慧负责第五章部分内和第六章全部内容的编写，合计 5 万字撰写工作；另外，毛晓凛负责全书的统稿工作。

目　录

第一章　绪论……………………………………………………………………… 1

　　第一节　服装设计基础知识 ………………………………………………… 1

　　第二节　人体体型特征与测量 …………………………………………… 12

　　第三节　通用服装号型标准与规格设计 ………………………………… 26

　　第四节　结构设计制图方法概述 ………………………………………… 32

　　第五节　裙装结构设计方法和原理分析 ………………………………… 36

　　第六节　裤装结构设计方法和原理分析 ………………………………… 40

第二章　裙装结构设计方法和案例 …………………………………………… 43

　　第一节　裙装概述 ………………………………………………………… 43

　　第二节　裙结构设计原理 ………………………………………………… 45

　　第三节　裙装变化结构设计 ……………………………………………… 52

第三章　裤装结构设计方法和案例 ………………………………………… 113

第四章　裙、裤装工业样板计算机设计 …………………………………… 157

　　第一节　计算机在现代服装领域中的应用与发展 …………………… 157

　　第二节　服装工业样板的技术标准 …………………………………… 158

　　第三节　裙、裤装工业样板电脑设计范例 …………………………… 161

　　第四节　结构图、样板和工艺配合设计案例 ………………………… 179

第五章　立体裁剪结构设计方法案例欣赏与研究 ·············· 189

　　第一节　立体裁剪结构设计方法特点分析 ·············· 189

　　第二节　立体裁剪结构设计方法技术要求 ·············· 190

　　第三节　立体裁剪结构设计方法案例分析与欣赏 ·············· 192

第六章　结构设计方法推广及参考分析 ·············· 205

　　第一节　下装结构设计方法推广基础分析 ·············· 205

　　第二节　结构设计综合参考分析 ·············· 207

参考文献 ·············· 211

后　记 ·············· 213

第一章　绪论

第一节　服装设计基础知识

一、专用术语

服装专用术语是服装行业中不可缺少的专业语言，每一裁片、部件、画线等都有各自的名称。我国目前各地服装界使用的服装用语大致有三种来源：第一种是民间服装界的一些俗称，如领子、袖头、劈势、翘势等；第二种是外来语，主要是来自英语和日语的译音，如克夫、塔克等；第三种是其他工程技术用语的移植，如轮廓线、结构线、结构图等。

（一）部位术语

①肩部，它指人体肩端点至颈侧点之间的部位，是观察、检验衣领与肩缝配合是否合理的部位。

总肩宽：它是自左肩端点通过 BNP 至右肩端点的宽度，亦称横肩宽。

肩斜：它是过颈肩点的肩线与上水平面的夹角，

小肩高：它是颈肩点与肩峰点的落差距离为小肩高。

②颈部包括颈围和领窝两部分。

颈围：颈部最细的部位，一般在喉结下方 2～3cm。

领窝：前后衣身与领身缝合的部位。

③胸部，衣服前胸丰满处。胸部的造型是检验服装的重要内容之一。

胸围：胸部最丰满的部位。

前胸宽：胸部横向宽度方向的部位，一般是手臂自然下垂时与胸部交界部

1

位从左往右的距离。

④侧缝，侧缝亦称摆缝，是缝合前后衣身的缝子，一般在人体厚度的中间。

⑤背部，肩部以下腰部以上的部分。

背缝：贴合人体或造型需要在后衣身上设置的缝子。

后背宽：背部横向宽度方向的部位，一般是手臂自然下垂时与胸部交界部位从左往右的距离。

⑥臀部，对应于人体臀部最丰满处的部位。

上裆：腰头上口至裤腿分衩处的部位，是关系裤子舒适与造型的重要部位。

横裆：上裆下部最宽处，是关系裤子造型的重要部位。

⑦腿部，大腿根处至脚平面处的部位。

裤口：裤口位置，长裤在脚口，短裤在膝盖以上。

下裆：长裤自横裆至脚口间的部位。

中裆：脚口至臀部的 1/2 处，是关系裤子造型的重要部位。

（二）部件术语

①搭门：门与里襟需重叠的部位。不同品种的服装其搭门量不同，其范围为 1.7 ～ 2.5cm。一般是服装衣料越厚重，使用的纽扣越大，则搭门尺寸越大。

②门襟和里襟：门襟是开扣眼的一侧衣片；里襟是钉扣的一侧衣片，与门襟相对应。

③止口：上衣前身叠门的外边线。

④挂面：其又叫过面，是指叠门的反面有一层比叠门宽的贴边。

⑤覆肩：其也叫过肩，是指覆在男式衬衫肩上的双层布料。

⑥缝份：其也叫缝头，是指布边线与缝制线之间的距离。

⑦驳头：衣身上随领子一起向外翻折的部位。

⑧串口：领面与驳头面的缝合处，一般串口与领里和驳头的缝合线不处于同一位置，串口线较斜。

⑨驳口：驳头里侧与衣领的翻折部位的总称。

⑩褶：为符合体型和造型需要，将部分衣料缝缩而形成的自然褶皱。

⑪裥：为适合体型及造型需要将部分衣料折叠熨烫而成，由裥面和裥底组成；其按折叠的方向不同分为阴裥、阳裥和顺裥三种。左右相对折叠，两边呈活口状态的是阴裥；左右相对折叠，中间呈活口状态的是明裥；向同方向折叠的是顺裥。

⑫衩：为服装的穿脱行走方便及造型需要而设置的开口形式，位于不同的部位，有不同名称，如位于背缝下部称背衩，位于袖口部位称袖衩等。

⑬扣眼：扣纽的眼孔，有锁眼和滚眼两种，锁眼根据扣眼前端形状分圆头锁眼与方头锁眼。扣眼排列形状一般有纵向排列与横向排列，纵向排列时扣眼正处于搭门线上，横向排列时扣眼要在止口线一侧并超越搭门线半个纽扣的宽度。

⑭眼档：扣眼间的距离，眼档的制定一般是先定好首尾两端扣眼，然后平均分配中间扣眼，根据造型需要也可间距不等。

⑮塔克：将衣料折成连口缉成的细缝，起装饰作用。

⑯襻：起扣紧、牵吊及装饰作用的部件，由布料或线制成。

⑰开刀：它也叫割、分割，是指将面料裁剪开后又并拢，常见的有丁字分割、弧线分割和直线分割等。

⑱平驳领：一般的西装领，领角一般小于驳角。

⑲戗驳领：驳领上翘，驳角与领角基本上是并拢的。

⑳插花眼：西装或大衣左驳头上的专用凤眼。

㉑育克：前衣片胸部拼接部分，是外来语。

㉒覆势：后衣片背部拼接部分，是外来语。有时育克和覆势前后通用。

㉓嵌条：在分割或止口的部位镶上的细条。

㉔袋片：无盖的袋口部分，如西装的巾袋（上袋）、西装马甲的大小袋口，大衣的斜插袋的袋口等。

㉕袋盖：盖住袋口的部分，如西服的大袋盖、中山装的袋盖片等。

㉖省道：为适合人体和造型需要，将一部分衣料缝去，以作出衣片曲面状态或消除衣片浮起余量的不平整部分，由省底和省尖两部分组成，并按功能和形态进行分类。

肩省：省底作在肩缝部位的省道，常为丁字形，且左右两侧形状相同，有前肩省和后肩省之分。前肩省是作出胸部隆起状态及收去前中线处需撇去的部分余量；后肩省是作出背骨隆起的状态。

领省：省底作在领窝部位的省道，常为丁字形，作用是作出胸部和背部的隆起状态，用于连衣领的结构设计，有隐蔽的优点，常代替肩省。

袖窿省：省底作在袖窿部位的省道，常为锥形，有前后之分，前袖窿省作出胸部状态。

腋下省：省底作在侧缝上的省道，一般呈锥形，指向胸高点。

胸腰身：省底在腰线上，一般呈菱形，其是为符合胸部和腰部造型而设计的。

落地省：省尖落于底摆先上的腰省或胸腰省。

肚省：收于腹部的横省，一般见于男西服结构中。

㉗分割缝：为符合体型和造型需要，将衣片结构部位进行分割形成的缝子，一般按方向和形状命名。

㉘约克：有分割的裁片上较小的那部分。

（三）结构术语

①劈胸：前片领口处搭门需要撇去的部分。

②劈势：裁剪线与基本线的距离，也就是将多余的边角劈掉。

③翘势：它也叫起翘，是指底边、袖口、袖窿、裤腰等与基本线（指横的纬纱方向）的距离。

④对刀：眼刀记号与眼刀相对，或者眼刀与缝子相对。

⑤浪线：裤子的裆弧线，前片的裆弧线称为前浪线，后片的裆弧线称为后浪线，一般后浪线较长而前浪弧线则较短。

⑥烫迹线：使裤子对称顺直的而熨烫成型的裤挺缝线。

⑦侧缝：其也叫摆缝，是指缝合前后衣身的缝子。

⑧拷：包布边。

⑨窝势：朝里弯曲。

⑩爬领：外领没有盖住领脚的现象。

⑪困势：后裤片的横裆线以上烫迹线与后缝的倾斜度。

⑫起涟：由于服装相对人体部位过小而涌起的横状褶皱。

⑬归与拔：结合布料的特性通过熨烫的手段使衣片缩小或扩大。

（四）结构线条和部位名称术语

裤子部位及线条名称图，如图 1-1 所示。

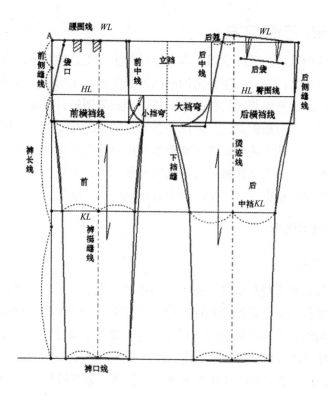

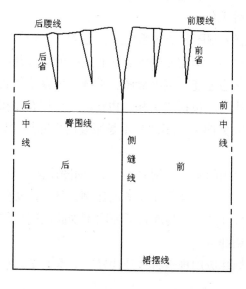

图 1-1

二、规则、符号及工具

服装结构图是传达设计意图、沟通设计和生产工艺的技术语言，是组织和指导生产的技术文件之一。服装结构制图就是依据一定的设计效果、造型要求和尺寸规格要求，把服装实物样品或款式造型效果图进行平面分析解构，变化成款式平面图，然后根据款式平面图中各部件部位的相互关系，用各种服装专用线型和符号及表达方式绘制成可平面展开的结构原理图的过程。结构原理图对于标准样板制定、系列样板缩放是起指导作用的技术语言。结构制图的规则和符号都有严格的规定，以便保证制图格式的统一、规范。

（一）制图规则

1. 制图顺序

制图一般是先衣身后部件，先大片后小片，先上方后下方，但应根据具体款式与具体部位灵活掌握制图顺序。制图线按常规一般是先基础辅助线后轮廓线和内部结构线；在作基础线时一般是先定长度后定宽度，由上而下、由左而右进行。作好基础线后，根据轮廓线的绘制要求，在有关部位标出若干工艺点，最后用直线、曲线和光滑的弧线准确地连接各部位定点和工艺点，画出轮廓线。

2. 制图要求

①图线要求——整洁、光滑、顺畅自然，粗细规范、浓淡均匀（以便基础线和轮廓线明显区别开来）。

②制图类型。服装制图分结构原理图、毛缝图、净缝图，放大图、缩小图、示意图、款式平面图等。结构原理图衣片有重叠处需分开后才能变成净缝图，净缝图需加缝头和贴边才能变成毛缝图，毛缝图可直接制成裁剪样板；毛缝图是衣片的外形轮廓线已经包括缝头和贴边在内，剪切衣片和制作样板时不需要另加缝头和贴边；放大图和缩小图都不是服装的实际尺寸，标注都应标 1 : 1 的尺寸。

③制图比例。穿用的实际比例为 1 : 1，缩图比例一般为 1 : 2、1 : 10、1 : 5，也可用 1 : 3、1 : 4 和 1 : 6 的比例，具体按实际要求而定。放图比例一般为 2 : 1 或 4 : 1。服装款式平面图不受此比例限制，只要各相关的部位部件比例关系协调即可。

④尺寸标注。标注应用规范符号和代号，字体工整、笔画清楚、间隔均匀、排列整齐。

（二）制图线条、符号和代号

1. 制图线条

制图线条，见表1-1。

表 1-1   mm

序号	图线名称	图线形式	图线宽度	图线用途
1	粗实线	——————	0.9	服装和零部件轮廓线；部位轮廓线
2	细实线	- - - - -	0.3	图样结构的基本线；尺寸线和尺寸界线；引出线
3	粗虚线	— — —	0.9	背面轮廓线
4	细虚线	————————	0.3	缝纫明线
5	点划线	—·—·—·—	0.9	对称线
6	双点划线	——·——	0.3	折转线

2. 制图符号

制图符号，见表1-2。

表 1-2

序号	符号名称		符号形象	符号用途
1	等分线			表示某部位、某段距离的平均等分间距
2	等量号		□○◎⊙#···	表示不同部位但相等的距离
3	省道线			表示局部收拢、缝进的省道形状及其收进量
4	缩褶号			用于布料缝合时抽缩褶
5	碎褶线			表示自然缩褶的部位及褶量
6	褶	单褶		表示顺着一个方向扑到的褶，斜线为倒褶的方向
		双褶 阴褶		表示两边为活口状态的相对扑褶
		双褶 阳褶		表示中间为活口状态的相对扑褶

序号	符号名称		符号形象	符号用途
7	纱向号	径向号		与经纱平行的方向号，表示可倒顺裁
		顺向号		与经纱平行的方向号，表示只可顺箭头方向裁
8	垂直号			表示相交两直线夹角为直角
9	拼接号			两块裁片断口后相逢合的部位
10	合并号			表示同一个裁片在不同位置绘制后需连口裁制
11	交叠号			两个裁片相交重叠的部位
12	省略号			连口裁片省略中间部分以方便制图
13	归拔号	归		用熨斗把衣片缩短缩小来达到所期的造型
		拔		用熨斗把衣片拔长拔宽来达到所期的造型
14	塔克线			表示衣片需折辑线梗的标记
15	罗纹			表示袖口、领口等用罗纹织物的标记
16	对刀号			两个裁片缝制时在边沿位置作的定位标记
17	打孔位			表示裁片中间需作定位部位的标记
18	扣位			表示钉扣的位置标记
19	眼档位			表示锁眼的位置标记
20	净样号			指纸样未放缝时的净样线
21	毛样号			指纸样已放缝时的毛样线
22	否定号			表示错画的线条
23	衬布			表示除本料以外的配料

3. 制图代号

主要部位代号见表 1-3。

表 1-3

序号	中文	代号
1	长度	L
2	胸围	B
3	腰围	W
4	臀围	H
5	颈围	N
6	肩宽	S
7	胸围线	BL
8	腰围线	WL
9	臀围线	HL
10	颈围线	NL
11	中臀围线	MHL
12	肩线	SL
13	肘围线	EL
14	膝围线	KL
15	胸高点	BP
16	肩点	SP
17	前颈点	FNP
18	侧颈点	SNP
19	后颈点	BNP
20	袖窿弧长	AH
21	袖长	SL
22	袖头宽	CW

4. 单位计量制

（1）单位计量制种类

①公制。公制是国际通用的计量制度，也称公分制，创始于法国，主要代表单位为厘米。

②市制。市制是以公分制为基础，结合我国人民习惯使用的计量长度的旧

制。传统民间行业，包括服装行业应用广泛。现代服装工业主要采用公制单位。

③英制。英制源于英国。不是十位进制，计算和换算都不方便，主要用于一些英属国家，为适用外贸出口的需要，有些企业和地区仍使用英制单位。常用的英制单位为英寸 in，英尺 ft，码 yd。

（2）三种计量单位的换算

公制和市制都是十进制，英制是十二进制，即

1 米 =10 分米 =0.9 码　　1 米 =3 市尺　　　1 码 =3 英尺

1 分米 =10 厘米　　　　　1 市尺 =10 市寸　　1 英尺 =12 英寸

1 厘米 =10 毫米

由此可知，

1 米 =3 市尺 =2.7 英尺，1 米 =3 市寸 =27 英寸 =100 厘米；

1 市尺 =10 市寸 =33.3 厘米，1 英尺 =12 英寸 =37 厘米；

1 市寸 =1.3 英寸，1 市寸 =3.33 厘米，1 英寸 =2.54 厘米。

（三）制图及制板工具

在服装工业化生产过程中，服装制图、服装打板是一个重要的技术性环节，制图必须要严格按照工艺标准和品质标准进行规范设计。在服装结构制图过程中，制图要求正确和规范，制图人员要懂得用哪些专门的工具，并熟练地掌握它的性能。

1. 结构制图工具

①工作台：服装设计者为绘制结构设计制图所需用的专用桌子。桌台的大小可根据需要而定，但一般不能小于一张整开纸的大小面积。

②尺：服装制图时所用的尺，常见的有直尺、三角尺、软尺、丁字尺、弯尺和自由曲线尺、比例尺等。

直尺和三角尺：直尺主要长度有 20cm、30cm、50cm、60cm 和 100cm 等；三角尺规格可选 20cm、30cm、35cm。以上尺材质有多种，制图效果以有机玻璃的为最佳。

软尺：俗称皮尺，多为塑料材质，规格通常为 150cm。

丁字尺：绘直线用的丁字形尺，常与三角板配合使用，以绘出 15°、30°、45°、60°、75°、90° 等角度线和各种方向的平行线和垂线。

弯尺：两侧成弧线状的尺子，主要适用于服装结构图中的长弧线，如裤片的下裆缝、袖缝和侧缝等。

自由曲线尺：可以任意弯曲的尺，其内芯为扁形金属条，外层包软塑料，质地柔软，常用于测量人体的曲线、结构图中的弧线长度。

比例尺：绘图时用来量度长度的工具，其刻度按长度单位缩小或放大若干倍，常见的有三棱比例尺，其三个侧面上刻有六行不同比例的刻度。

③纸按质地分有牛皮纸、白板纸、黄板纸、工程绘图纸和普通白纸，大小有整开等多种，人们可以根据制图比例和用途来选择纸张质地和大小。

④笔和橡皮的具体介绍如下。

铅笔：实寸作图时，制基础线选用 F 或 HB 型铅笔，轮廓线选用 HB 或 B 型铅笔；缩小作图时，制基础线选用 2H 或 H 型铅笔，轮廓线选用 F 或 HB 型铅笔；修正线宜选用颜色铅笔。

绘图墨水笔：绘制基础线和轮廓线的自来水笔，其特点是墨迹粗细一致，墨量均匀，其规格根据所画线型宽度可分为 0.3mm；0.6mm、0.9mm 等多种。

鸭嘴笔：绘墨线用的工具，通常指"直线笔"。

橡皮：与笔型相匹配的绘图专用橡皮（亦可用擦图片，即擦拭用的薄型图板）。

⑤曲线板：用于绘制各种弧线的薄板，适用于绘制袖窿、袖山、侧缝、裆缝等部位的曲线。

⑥其他绘图工具：常见的有圆规、分规、服装专用曲线板等。

2. 样板剪切工具

①样板纸：制作样板用的硬质纸，用数张牛皮纸经热压黏合而成，可久用不变形。

②钻子：裁剪时钻洞做标记的工具，以钻头尖锐为佳。

③工作台板：裁剪、缝纫用的工作台，一般高为 80 ～ 85cm，长为 130 ～ 150cm，宽为 75 ～ 80cm，台面要平整。

④划粉：用于在衣料上画结构制图的工具，粉线以易拍弹消除的质量为佳。

⑤裁剪剪刀：剪切纸样或衣料时的工具，有 22.9mm（9 英寸）、25.4cm（10 英寸）、27.9cm（11 英寸）、30.5cm（12 英寸）等数种规格，其特点是刀身长、刀柄短、捏手舒服。

⑥花齿剪：刀口呈锯齿形的剪刀，主要是将布边剪成三角形花边，作为剪布样用。

⑦擂盘：在纸样和衣料上做标记的工具，使用时使擂盘在纸样或衣片上滚动留下点状，但在裁片上只能作暂时性标记。

⑧模型架：有半身或全身的人体模型，主要用于造型设计、立体裁剪、试样补正。我国的标准人体模型均采用国家号型标准制作，种类有男、女、儿童等；质地有硬质（塑料、木质、竹质）、软质（硬质外罩一层海绵）；其尺码有固定尺码与活动尺码两种。

⑨大头针：固定衣片用的针，常用于试衣补正、服装立体裁剪。

第二节　人体体型特征与测量

服装的服务对象是人体，人体体型是制图设计的基础依据。人们通过课程学习应熟悉人体体表特征与服装点、线、面的关系；性别、年龄、体型差异与服装结构的关系。服装结构设计在兼顾服装艺术审美角度的影响之外，其设计的直接依据和决定性因素主要有两个：人体体型特征和运动规律。服装结构设计和制图的点线面是根据人体结构的点线面确定的，因此人体的外形特征决定了服装的基本结构和形态，测量人体有关部位的长度、宽度、围度的规格数据，也是服装结构的基本依据。其中人体的运动规律是制定服装放松量的主要依据。

一、人体体型特征

人体的基本构造可分为人体结构和人体比例两方面。

（一）人体体型特征及与服装的关系

1. 人体的基本部位

从人体静态来看，人体分为头、颈、躯干、上肢和下肢五大体块，这些体块又由各个关节点来连接，形成依人体构造相制约和运动规律所制约的动体。了解人体各部位的体表特征，特别是各个凸峰和凹陷部位及与邻近的关系，如肩峰、胸峰、背峰（肩胛骨）、腹峰、臀峰、胯峰、腰节、膝后腘、臀股沟等，并掌握颈与肩、肩与臂、前肩与后肩、上臂与前臂、侧腰与髂骨、大腿与小腿等部位，都是学习服装制图轮廓线的重要内容。人体基本部位，如图 1-2 所示。

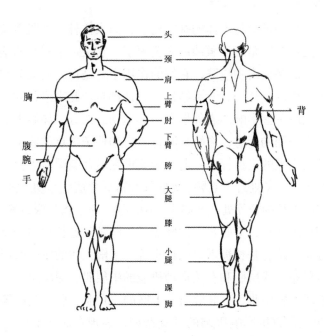

图 1-2

①头部：头部在服装结构设计中，只对功能性很强的雨衣、羽绒服、防寒服、风衣、戴帽饰的休闲装和服装以外的帽子的设计中予以考虑，头形和体积是头部服装设计的主要考虑因素。

②颈部：其主要是带颈根围以上领和带帽子的上装结构设计应予以考虑部位，主要考虑的测量和设计依据是部位颈根围和颈围。颈部和躯干相连的点主要是颈关节和颈椎，其中人们要注意第七颈椎点的部位。

③躯干：躯干由胸、腰、臀（腹）三大体块组成，胸和臀以腰为连接，是人体的主干，服装结构设计中涉及最多，胸部、腰部上装设计涉及最多，腰部和臀部设计涉及最多，其与下肢相连的点为髋关节。

④上肢：上肢由上臂、下臂和手掌组成，肘关节连接上臂和下臂，腕关节连接下臂和手掌，上臂对应的服装为袖子，设计袖子时，人们应考虑手臂的长短及袖口所在位置，即袖长，合体袖还要考虑肘关节和腕关节对服装的影响，其与躯干相连接的点主要是肩关节。

⑤下肢：下肢分为大腿、小腿和脚掌，膝关节、踝关节分别连接前三者。设计下装主要考虑裤或裙长在下肢所处的位置，即裤长或裙长；设计裤子时，除以上的因素以外，我们还要考虑大腿围、膝关节、膝围和踝围等因素。

2. 人体骨骼、肌肉、皮肤

制约服装结构的基础是人体的基本构造，而人体骨骼和肌肉及皮肤所形成的基本框架和运动特征是设计服装的主要因素，它决定了服装的基本形态和舒适度。骨骼的外面是肌肉和皮肤，它们的作用主要是在骨骼关节的作用下作屈身运动；基本板样的分片、省缝和结构线设计都是依此来进行的。了解人体的骨骼结构，特别应掌握影响体表外形和引起运动的部分，如躯干的第七颈椎是测量人体高度和颈围的标志；肩峰是测量总肩和袖子端点的标志，也是制图中的肩高点和袖山高点的定位标志；肩胛骨要求在后背制图时进行考虑和处理。髋骨的髂骨和大转子是处理下衣腰、臀曲线和裤后片适应运动所需的标志部位。耻骨是裤上裆和下裆的分界处。又如手骨中的腕、掌、指是服装测量绘制袖长、袖口、衣长的标志部位；下肢骨中的膝盖骨（髌骨）是长裤中裆及大衣、裙子长度的定位标志；踝骨是长裤下口的标志等。了解人体的肌肉组织，人们主要掌握形成体表形态的浅层肌和有关运动机能的中层肌、深层肌，如躯干的胸大肌、腹肌、髋肌、臀中肌、下肢股肌、上肢的三角肌、肱二头肌等形成了人体外形的凹凸变化，直接影响服装的外观造型，表现在制图上就是外轮廓线的处理。

①人体骨骼。人体的骨骼总数为 220 余块，基本成对生长，从服装设计角度来考虑，骨骼主要分为头骨、脊柱、肩骨、胸骨、骨盆、上肢骨和下肢骨几大部分，其决定服装的整体基本造型。

②肌肉。人体的肌肉有 500 余块，基本成对生长，只有少数和服装造型有关，这里主要介绍与服装造型有关的肌肉体系，其中胸锁乳突肌主要是设计肩部归拔的依据；胸大肌（乳房）是男女上装设计的关键因素，尤其是合体女上装和花式女装设计的灵魂，更是男女体型差异的决定性因素之一；背阔肌、腰肌、腹直肌、臀大肌、大腿肌等肌肉对应的相应部位的服装结构设计部位有背、腰、腹、臀、腿等，这些都是服装结构的主要控制部位。

综合①和②所述，我们可知对骨骼和肌肉的形体形态的认识对服装结构设计是十分重要的。从人体骨骼和肌肉的节律中我们可以理解许多关于纸样设计和修正的原理，纸样前后省的确定，胸省短于后背省、前后裙片的腰线不在一条水平线上；腹省短、臀省长；紧身长袖的肘部向外侧倾斜一定角度、长裤膝围线设计的上提量等结构设计都是由人体躯干斜椭圆形结构和四肢的肘关节与膝关节骨骼特点决定的。人体体型、骨骼和肌肉如图 1-3 ～ 1-5 所示。

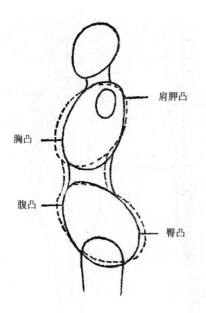

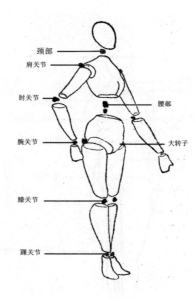

图 1-3

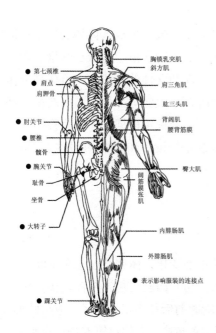

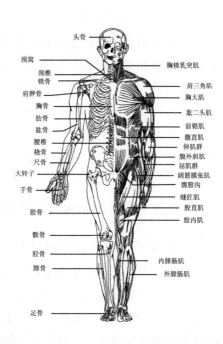

图 1-4

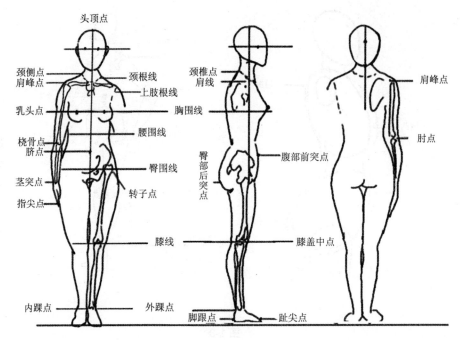

图 1-5

3. 皮肤与皮下脂肪

上述骨骼和肌肉是构成人体外形的直接因素，最后形成人体体表形态的因素还有皮肤和皮下脂肪。人体皮下脂肪根据人的不同年龄、地域、性别、职业和生活习惯的不同而不同，如胖人和瘦人，男性和女性的脂肪多少所体现的体型特征差别很大。脂肪容易堆积的部位是腰腹臀和大腿等部位。脂肪的堆积部位和程度是决定人的体型特征的重要因素之一。国标中根据人体的胸腰围差量把人体分为 Y、A、B、C 四种体型，作为服装结构设计和选购服装肥瘦款型的依据。

（二）年龄、性别体型特征和差异

1. 人体体型生长变化规律和差异

人体体型并不是一成不变的，随着人的年龄变化，体型特征也在不断地发生着变化。人体的发育是有其自身的规律的，幼儿四肢较短，发育较快。年龄不同，人体轮廓形状也不相同。在儿童期，胸廓前后径小于左右径，成扁圆形，而老年人胸廓变得扁平。成年人颈部喉结的位置较高，大约在第五颈椎点水平，而老年人的喉结位置较低，大约和第七颈椎相平。老年人胸廓外形外表特征明显，皮肤松弛下垂；乳部及乳下已有皱纹；腹部变大而且比较松弛下坠；腰部皮肤也有下垂的皱纹；背部骨骼明显；脊柱间纤维软骨萎缩而失去了弹性，弯曲较大。

1. 人体不同年龄比例

人的生长大致分为六个阶段

①婴儿、幼儿、小童阶段：1～6岁，躯干长四肢短，体高4～4.5个头长。

②中童阶段：8～12岁，体型逐渐向平衡发展，躯干和四肢各部相应增长，体高5.5～6个头长。

③少年阶段：13～16岁，全面发展阶段，各部位骨骼、肌肉已基本形成，女孩发育早于男孩。

④青年阶段：17～30岁，人体定型阶段，体高7～7.5个头长。

⑤中年阶段：31～42岁，体型较肥胖阶段。

⑥中老年阶段：43～70岁以上。

各阶段如图1-6所示。

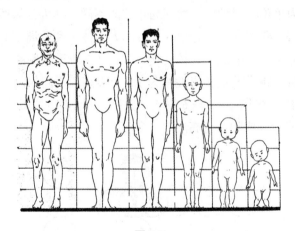

图 1-6

2. 男女体型上的差别

男女体型上的差别是男女服装结构设计在造型上最本质的区别。男女人体由于长宽比例上的差异，形成了各自的特点。从宽度来看，男子两肩连线长于两侧大转子连线，而女子的两侧大转子连线长于肩线，从长度来看，男子由于胸部体积大，显得腰部以上发达；而女子由于臀部的宽阔显得腰部以下发达。与腰节线至大转子连线所形成的两个梯形中看，男子上大下小，而女子则上小下大。男子腰节线较女子腰节线略低。女性臀部的造型向后突

17

现较大，男性则较小。女性臀部特别丰满圆润且有下坠感，臀围明显大于胸围，男性臀部明显小于胸肩部，臀部没有下坠感。此外，男性与女性虽然全身长度的标准比例相同，但他们各自的躯干与下肢相比，女性的躯干部较长，腿部较短，而男性的腿部却较长。总的来讲，女子骨盆比男子的宽而浅，因而女子臀部特别宽大。决定体型的因素除了骨骼和肌肉外，还有皮下脂肪的沉淀度。这是决定体型和衣服形态的主要指标。所谓皮下脂肪是指在皮肤的最下层，连接肌肉（或骨头）的疏性结合组织内沉着的脂肪。脂肪沉着较多的部位有乳房、臀部、腹部和大腿部。沉着较少的部位有关节上、头皮下和肋骨附近。男性的肌肉发达，脂肪沉着度低于女性，因此体表曲线直而方，女体要比男体线条圆润、柔美。

3. 人体比例与服装的关系

（1）成年人 7 头高人体比例关系

作为服装结构的人体比例，这里用标准化的人体加以说明。标准化的工业用人体比例不等于具体个人的比例，但它又适用于绝大部分具体的人。人体比例一般按头高为单位。因种族、性别和年龄的不同，其可分为两大比例标准，即亚洲型 7 头高（我国南方沿海地区和日本人人体）和欧洲型 8 头高（与我国东北地区的人体接近）的成人人体比例。如图 1-7 所示依照亚洲黄种人的最佳人体比例来分析，正常的成年男性约为 7.5 个头高。不同年龄阶段的人体比例分别为 1～2 岁 4 个头高，5～6 岁 5 个头高，14～15 岁 6 个头高，16 岁接近成年人，25 岁达到成年人身高。

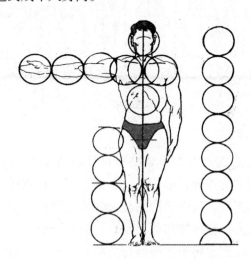

图 1-7

（2）八头高人体比例关系

八头高人体比例是欧洲人的比例标准，是最理想的人体比例。这是因为八头高比例的人体和黄金比有着密切的关系。黄金比值为 1：1.618 约等于 5：8、3：5，它在服装结构设计上很有实用价值，同时体现在造型上又是十分协调的。下面通过八头比例的测定进一步加以说明。八头高人体比例的划分，从上至下依次为头的长度；颏底至乳点连线；乳点连线至脐孔，脐孔至大转子连线，大转子连线至大腿中段；大腿中段至膝关节；膝关节至小腿中段，小腿中段至足底。我们可以把七头比例人体和八头比例人体加以比较。八头比例并不是在七头比例的基础上平均追加比值的，而是在腰节以下范围内增加了一个头的长度，这意味着七头高比例和八头高比例的人体脐孔以上部分都是三头长度，这样上身和下身的比例以腰节为界，七头高人体是 3：4，八头高人体是 3：5，可见八头比例的人体似乎更具有美学意义。八头人体的比例关系，上身与下身之比是 3：4，下身与人体总高之比是 3：8，这两个比值和黄金比刚好吻合，因此在亚洲型体型中为了有效地美化人体，人们在外衣的结构设计中提高腰线是很有效果的，事实上这是在七头比例的基础上作上身与下身接近黄金比的修正。

（3）人体各部位与衣着的对应关系

在 7 头高比例中，人体直立，两臂两侧水平伸直，这样两手指尖间的距离约等于身高，也就是七头长。这种比例关系亦适用于欧洲型八头身高的人体比例，即两臂水平伸直，两手指尖间的距离等于八头长。因此，测量身高发生障碍和困难时可以用测量双掌尖间的距离作为参考。人体直立，两臂自然下垂可以测定肘点和尺骨前点，正好分别与腰节和大转手相重合、故此可以依照肘点，尺骨点与躯干重合的位置确定腰围线和臀围线。另外，肩宽为两头长，即肩点间距离等于两头长；从腋点（胸宽的界点）至中指尖约为三头长；下肢从臀股沟至足底为三头长。

服装结构设计要以人体体型为根本，以款式要求为标准。结构设计要合理、要与人体各部位相吻合，达到合体、舒适的目的。要做到这些就需要设计师了解和掌握大量的服装结构常规数据和常规款式的标准结构图形。例如，西装上衣袖窿长的数据，西裤前后浪线长的数据，男式衬衫领子的数据和肩覆势的数据；西装袖子结构的标准图形，男式衬衫领子结构的标准图形，牛仔裤结构的标准图形等。各款式服装长度如图 1-8 所示。

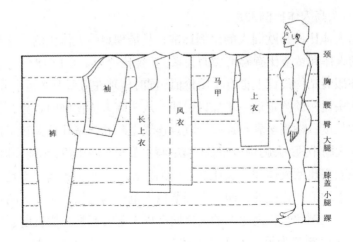

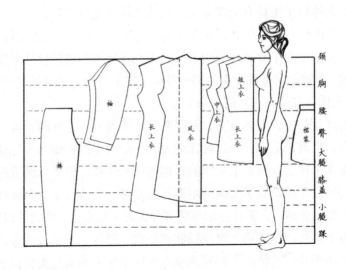

图 1-8

二、人体测量

（一）人体测量要求及注意事项

　　服装的设计、制图及生产，必须以人体的形态为依据，首先要测量人体，做到"量体裁衣"。服装的工业生产，虽然不需要逐件进行测量，但产品规格或已有的号型系列规格，也是来自人们对人体测量的结果。因此，通过测量人体，取得服装的规格尺寸，这是进行结构制图和打板、推板的前提。学习掌握制图和推板技术，首先要了解测量人体的有关知识和方法。

1. 测量人体要求

测量人体要做到准确、全面。人们首先必须学习和掌握以下几方面的知识。

①要了解人体的体型结构，熟悉与服装密切相关的人体部位，主要掌握颈、肩、背、胸、腋、腰、胯、腹、臀、腿根、膝、踝、臂、肘、腕、虎口等部位的静态外形、动态变化及生理发展的一般知识，并能识别与判断特殊体型，只有熟悉人体，才能做到测量人体准确。

②要熟悉了解服装品种、款式的区别。首先，不同种类的服装，测量人体的部位不同，如上衣测量人体时只涉及躯干及上肢，而马甲也是上衣，但测量时与上肢无关；裤子、裙子只与腰节以下的下肢有关，而裙子又无须考虑裆底的位置。其次，服装的款式、造型也影响测量人体，如无褶裤、牛仔裤比一般裤子的腰围、臀围紧凑，测体时，腰、臀尺寸不宜过松。夹克衫多用于运动、劳动时穿着，测量人体时要肩部加宽，胸围加肥，衣摆要短而贴身，袖肥而口紧等都涉及造型和款式。

③要熟悉了解衣着对象，包括衣着对象的性别、年龄、体型、性格、职业、爱好及风俗习惯等。一般说，男服较宽松易活动，女服较紧身合体，儿童服宜宽大，老年人服装要求宽松舒适。不同职业的工种、职务差别，要求穿着不同的服式，如工人的工作服，多要求肩宽、胸松、衣短、摆贴身、袖肥、口紧和裤子加护膝等；文艺工作者要求服装上短下长，紧身适体，以显示身材线条的体型美。

④要了解穿用条件，掌握一般的衣料知识，如同是薄花呢中山服，用于春秋穿的和用于冬季穿的，尺寸测量就不一样，前者偏于短瘦，后者重于肥长。

⑤应具备必要的美学、色彩、装饰等方面的知识。

2. 测量人体注意事项

①测量人体时要求被测者站立正直，双臂下垂，姿态自然，不得低头、挺胸，软尺不要过紧过松，量长时尺要垂直；横量时，尺要水平。

②要了解被测者工作性质、穿着习惯和爱好。在测量长度和围度的主要尺寸时，除了观察、判断外，还要征求被测者意见和要求，以求合理、满意的效果。

③测量人体时要区别服装的品种类别和季节要求，冬量夏衣、夏量冬衣要掌握尺寸放缩规律。

④要观察被测者体型，对特殊体型（如鸡胸、驼背、大腹、凸臀）应测特殊部位，并做好记录，以便制图时做相应的调整。

⑤在测量围度尺寸时（如胸围、腹围、臀围、腰围），要找准外凸的峰位或凹陷的谷位围量一周，并注意测量的软尺前后要保持水平，不能过松、过紧，以平贴和能转动为宜，再加放松度尺寸即为成品尺寸。

⑥测体时要注意方法，要按顺序进行。一般是从前到后、由左向右、自上而下地按部位顺序进行，以免漏测或重复。

⑦在放松量表中所列的各品种的服装加放松度尺寸，是根据一般情况约定的，而且只供实际运用时参考。由于服装款式和习惯爱好要求的不同，具体设计时可根据实际需要增减。

⑧要做好每一个部位尺寸测量的记录，并使记录规范化，必要时附上说明或简单示意图，并注明体型特征及款式要求。

（二）测量人体的项目、方法和步骤

人体测量项目是由测量目的决定的，测量目的不同，所需要测量的项目也有所不同。根据服装结构设计的需要，进行人体测量的主要项目大体如图1-9所示

（1）长度部位

①身高——人体立姿时，头顶点至地面的距离。

②颈椎点高——人体立姿时，颈椎点至地面的距离。

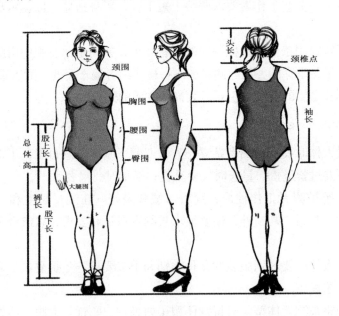

图 1-9

③头颈长——从头顶中心量至颈侧根，再加放 3cm。

④上体长——人体坐姿时，颈椎点至椅面的距离。

⑤下体长——从胯骨最高处量至脚跟平齐。

⑥背长——从第七颈椎点量至腰节线。

⑦手臂长——肩峰点至荃突点的距离。

⑧下肢长——身高减上体长所得数据。

⑨腰臀长——从腰节线量至臀围线。

⑩股上长——从腰节线量至膝围线。

（2）围度部位

①腰围——经过腰部最细部位水平围绕一周的长度。

②臀围——在臀部最丰满处水平围绕一周的长度。

③大腿围——围量大腿根部一周。

④胸围——沿腋下通过过乳头水平沿胸廓不松不紧水平围量一周的长度。

⑤颈围——在喉结下方水平绕颈部最细处围量一周的长度。

⑥前胸宽——在腋下水平向上 3 ～ 5cm 处由前胸右腋窝平量到左腋窝的长度。

⑦后背宽——由背部左腋窝平量到右腋窝，腋下水平向上量 5 ～ 7cm。

⑧肩宽——由背部左肩骨外端平量到右肩骨外端的距离。

（3）辅助部位

①腿长——从腰节线量至地面。

②大腿长——从腰节线量至膝围线

③膝围——围量膝盖一周。

④踝围——围量踝部一周。

具体测量方式如图 1-10 所示。

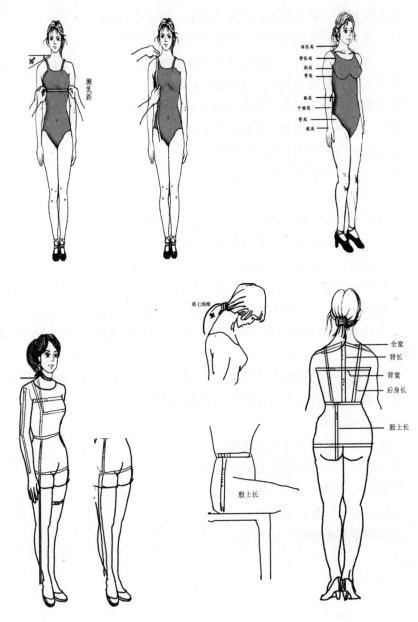

图 1-10

（三）特殊体型测量

测量特殊体型，我们要仔细地观察体型特征。从前面观察胸部、腰部、肩部，从侧面观察背部、腹部、臀部，从后面观察肩部。通过观察了解人体特殊之处，如凸胸、腆腹、端肩、驼背等，特别是要了解挺胸又突臀、驼背又腆腹等双重特体。对不同体型采取不同测量方法，以求得较准确的尺寸。

1. 驼背体测量

驼背体型的特征是背部凸起，头部前倾，胸部平坦；背宽尺寸大于前宽尺寸。其测量重点是长度主要量准前后腰节高，围度主要取决胸、背宽尺寸。在制图时相应加长、加宽后背的尺寸。

2. 挺胸体测量

挺胸体（包括鸡胸体）与驼背体相反，胸部饱满突出，背部平坦，前胸宽大于后背宽尺寸，头部呈后仰状态。测量方法及重点与测驼背体同。在制图时则相反，相应加长、加宽前衣片尺寸。

3. 大腹体测量

大腹体（包括腆肚体）特征是中腹的尺寸和胸围尺寸基本相等，或超过胸围尺寸（正常体中腹尺寸男性应小于 12 ～ 16cm，女性应小于 14 ～ 18cm）。测量方法如下。

①测量上衣时，要专测腹围、臀围和前后身衣长。制图时扩放下摆和避免前身短，后身长的弊病。

②测量裤子时，要放开腰带测量腰围，同时要加测前后立裆尺寸。制图时前立裆要适当延长，后翘适当变短以适应体型。

4. 凸臀体测量

凸臀体特征是臀部丰满、凸出。测量时要加测后裆尺寸，以便制图时调整加长后裆线。

5. 罗圈腿型测量

罗圈腿又称"O"形腿，特征是膝盖部位向外弯呈"O"形，要求裤子外侧线变长。测体时要加测下裆和外侧线（与下裆底呈水平的外侧线），以便调整外侧线。

6. "X"形腿测量

"X"形腿的特征是小腿在膝盖下向外撇，其要求裤子内侧线延长。测量同罗圈腿。

7. 异型肩体测量

异型肩有端肩、溜肩等。正常体的小肩高一般为 4.5 ～ 6cm，第七颈椎水平线与肩峰的距离小于 4.5cm 者为端肩，大于 6cm 者为溜肩。测体时应加测肩水平线（即上装的上平线）和肩高点的垂直距离，以便制图时调整。其他特殊体型也应进行重点测量，以便作制图时参考。

第三节 通用服装号型标准与规格设计

通过课程学习，我们应熟悉成衣规格的制定方法和表达形式，号型服装的制定和表达形式等诸多方面的内容。服装号型标准是服装研究和服装工业生产的重要依据之一。服装号型标准分为国家标准、行业标准和企业标准，其中国家标准是我国服装工业重要且广泛应用的基础标准。

一、国家服装号型和号型系列

1.号型定义

服装的号与型是服装规格的长短与肥瘦的标志，是相关部门根据正常人体规律和使用需要选用的最有代表性的部位的尺寸数据进行分析归纳而成的。

号指高度，即表示人体的身高，以厘米为单位，是设计和选购服装长短的依据。型指围度，即表示人体的胸围或腰围，以厘米为单位，是设计和选购服装肥瘦的依据。

2.体型分类

本标准依据成人的胸围与腰围的差量把男子、女子人体体型分别分为 Y、A、B、C 型四种，具体见表 1-4。

表 1-4 cm

体型分类代号		Y	A	B	C
胸腰围差量	男子	22～17	16～12	11～7	6～2
	女子	24～19	18～14	14～9	8～4

3.号型应用

（1）号型的范围

成人男装号为 155～185，女装号为 145～175；少年儿童服装为 80～160，其中儿童为 80～155，男少年装为 150～160 与成年男子服装号交叉，女少年为 140～155 与成年女子服装号交叉。成人型为 76～112（上装）或

56 ～ 108（下装）；成年女子为 72 ～ 108（上装）或 50 ～ 102（下装）。

（2）号型标志及含义

服装上必须标明号型标志，套装分上下装分别标明号型。号与型之间用斜线分开，后接体型分类代号，如男子上装 170/88A，说明号 170 的适用范围为身高 168 ～ 172cm 的人群，型的范围适用于胸围 86 ～ 89cm 的人群，A 指胸腰围差量在 18 ～ 14cm 范围内的人群，以此类推。

（3）号型系列

号型系列是以各自的体型的中间体为中心，向两边依次递增或递减组成的。服装规格亦应按此系列为基础同时按需要加上放松量进行设计。身高以 5cm 分档，胸围或腰围分别以 4cm、3cm、2cm 分档，组成 5·4，5·3 和 5·2 三种号型系列，与四种体型分类组合为八大类体型组合。

（4）中间体

中间体是指在人体测量的总数中占有最大比例的体型。它是通过测量数据计算求出的均值，它反映了我国男女成人各类体型身高、胸围、腰围等控制部位的平均水平。在设计服装规格时，人们必须以中间体为中心，按一定的分档数值，向上下、左右推档组成成品规格系列。国家标准中的中间号型设置是针对全国范围而言的，不同的地区针对不同体型的产品要视具体情况而定；但规格系列一般不能随意变化。国标中成年男、女各体型的分配比例见表 1-5。

表 1-5　　　　　　　　　　　　　　　　　　　　　　　　　　　　　%

体型	Y	A	B	C
男子	20. 98	39. 21	28. 65	7. 92
女子	14. 82	44. 13	33. 72	6. 45

中间体是设计服装时选择的基本对象，在国标中男子选择 170/88A 和 170/74A，女子选择 160/84A 和 160/68A 的体型的作为中间体服装对象，这里选择男子和女子中间体的 5·4 系列四种体型的各控制部位测量的数据和分档数值分析，见表 1-6 和表 1-7。

表 1-6　　　　　　　　　　　　　　　　　　　　　　　　　　cm

体型	Y			A			B			C		
部位	中间体	5·4系列	分档值	中间体	5·4系列	分档值	中间体	5·4系列	分档值	中间体	5·4系列	分档值
身高	170	5	5	170	5	5	170	5	5	170	5	5
颈椎点高	145	4	4	145	4	4	145	4	4	145	4	4
坐姿颈椎点高	66.5	2	2	66.5	2	2	66.5	2	2	66.5	2	2
全臂长	55.5	1.5	1.5	55.5	1.5	1.5	55.5	1.5	1.5	55.5	1.5	1.5
腰围高	103	3	3	103	3	3	103	3	3	103	3	3
胸围	88	4	4	88	4	4	88	4	4	88	4	4
颈围	36.4	1	1	36.4	1	1	36.4	1	1	36.4	1	1
总肩宽	44	1.2	1.2	44	1.2	1.2	44	1.2	1.2	44	1.2	1.2
腰围	70	4	4		4	4	78	4	4	82	4	4
臀围	90	3.2	3.2	90	3.2	3.2	90	3.2	3.2	90	3.2	3.2

表 1-7　　　　　　　　　　　　　　　　　　　　　　　　　　cm

体型	Y			A			B			C		
部位	中间体	5·4系列	分档值	中间体	5·4系列	分档值	中间体	5·4系列	分档值	中间体	5·4系列	分档值
身高	160	5	5	160	5	5	160	5	5	160	5	5
颈椎点高	136	4	4	136	4	4	136	4	4	136	4	4
坐姿颈椎点高	62.5	2	2	62.5	2	2	62.5	2	2	62.5	2	2
全臂长	50.5	1.5	1.5	50.5	1.5	1.5	50.5	1.5	1.5	50.5	1.5	1.5
腰围高	98	3	3	98	3	3	98	3	3	98	3	3
胸围	84	4	4	84	4	4	84	4	4	84	4	4
颈围	33.6	0.8	0.8	33.6	0.8	0.8	33.6	0.8	0.8	33.6	0.8	0.8
总肩宽	39.4	1	1	39.4	1	1	39.4	1	1	39.4	1	1
腰围	64	4	4	68	4	4	72	4	4	76	4	4
臀围	90	3.6	3.6	90	3.6	3.6	90	3.6	3.6	90	3.6	3.6

以上的数据可作为服装结构设计和变化的一般体型的重要依据。

二、成衣规格设计

（一）服装规格设计的依据

服装设计或实物样品的品种、款式、造型、结构等方面是服装制图首要的依据。

①服装品种。在进行制图前，人们首先要了解制图对象的基本品类及其穿用对象的性别、年龄。弄清品种的特性后，才能准确、合理地进行结构设计。

②服装款式。服装的款式或式样是形成一件服装特点的具体表现形式。它以一个或几个部位的不同处理方法或不同形式而独具一格，并区别于其他衣服的式样。同一品种的服装可以有多种款式变化，如同一品种的上衣，领子有立领、翻领、关领、拨领、无领等款式；袖子有圆装袖、插肩袖、前圆后插肩袖、连袖等款式。不同的款式有不同的制图方法和要求，必须熟练掌握。

③服装造型。服装造型是指一件着体衣服的总体轮廓和外形形态。不同比例、结构的外形轮廓，形成服装的不同造型。同一个品种、款式的上衣，可以是肩稍宽、下摆收小贴身，呈腰身微收的"V"字形造型，也可是肩稍紧，微收腰，下摆外窄的"A"字形造型，也可是肩、摆皆大而掐腰的"X"形造型。不同的造型要求不同的制图结构处理。

④服装结构。服装结构是指一件衣服的构成与组合方式，包括表层面料各部分、部位的分割与组合关系，还有面料与里料、衬及其他辅料的组合关系。合理的结构安排才能较好地体现款式、造型的实用性、装饰性。在制图前，人们还必须从结构上了解产品。

规格尺寸是服装结构制图的直接依据，完整的规格组合，反映着人体形态的基本情况。进行服装制图必须熟悉和掌握以下几种规格。

①号型规格。号指高度是以厘米表示的人体总高度。型指围度，是以厘米数表示的人体胸围、腰围。号型规格就是用号型概括说明某一服装的长短和肥瘦的规格，是进行服装长短和肥瘦制图的依据。

②主要部位规格。它是根据号型规格及其相对应的各长度、围度控制部位数值加不同的放松量设计的服装规格，如上衣的衣长与袖长、裤子的裤长与裙长是主要的长度尺寸和长度尺寸中的决定性因素，而上衣的胸围、下衣臀围则是主要的围度尺寸和围度尺寸中的决定性因素，人们都应在制图时掌握并准确核实。

③配属规格。它是主要部位以外的其他部位的规格尺寸，如上衣的胸背宽、腰节、袖口、袖窿深、袖肥等；下衣的上裆、横裆、下裆、中裆等，也和制图

有直接联系，人们必须掌握。

④系列规格。系列规格是根据人体体型特点及变化规律，从矮到高、由瘦到肥的若干号型尺寸组成的整套规格称为号型规格系列。在号型规格系列的基础上，人们按照人体活动特点及品种、款式的不同需要，加放一定的放松量所组成的整套规格被称为服装规格系列。两种规格系列则又是进行打板、推板必须掌握的系列尺寸依据。

（二）长度标志与围度放松量

国家服装号型标准给成衣规格设计提供了可靠的依据，使其设计有了一定的规律性。服装号型提供的是人体主要部位的基本净体数值，除弹性面料服装和少数服装外，大多数成衣都要按照号型中提供的数值为依据，根据款式、造型、面料、季节、体型等因素，加放不同的松量，设计出不同规格的成衣。

要进行服装结构设计，就必须掌握各款式控制部位的尺寸设计。控制部位是指在设计成衣规格时人们必须依据的主要部位。控制部位对服装的造型、服装的运动量和舒适度起着关键的控制作用。一般上装有衣长、胸围、腰围、领围、总肩宽、袖长、袖口中的全部或部分部位；下装有裤长或裙长、立裆、腰围、臀围等部位中的全部或部分部位，这些都是成衣的主要控制部位。本书对男女服装的规格设计做以下分析。

1. 服装长度的变化设计

服装长度确定，必须做到实用性（护体、保暖等）和装饰性的统一。一般上衣占身高比例的 $1/3 \sim 1/2$。上衣稍短，使下肢显长。处理服装长度可从设计意图和实用性两个角度来考虑。对待殊体型，则注意实用和视觉的错觉处理。根据人体体型的规律可知，人体自然站立时，双臂自然下垂，一般来说垂臂的肘线和腰节线平行，腕围线与臀围线平行，虎口和横裆线平行，中指指尖和大腿中围线平行，这对于袖长和上衣衣长之间的关系有重要的参考意义。腰围线、臀围线、横裆线、大腿中围线、膝围线、小腿中围和踝围线等都是设计上装、下装衣长的参考部位，我们应仔细分析其部位和衣长的关系。

2. 服装围度加放尺寸的计算

要使服装能达到比较合体又适合人体活动机能的要求，我们在测量了人体各围度的净尺寸后，还要根据内套服装的厚度、人体基本活动量（基本空隙量）等适当加放尺寸（即放松度）。

①加放尺寸（放松度）。设 B^* 为人体净胸围，B 为加放尺寸后的胸围，P

为放松度。

因为人体的胸围的横剖面近似于圆形，胸围平量一周的长度也近似胸围剖面圆的圆周长，则 $B*=2\pi r$（r 是人体胸围圆的半径），又假设衣服与人体的距离为 k，则衣服在胸围处的圆的半径是（$r+k$）如图 1-11 所示。

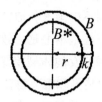

图 1-11

根据圆周长公式，得出衣服的圆周公式（即肥瘦）如下。

$B=2\pi(r+k)=2\pi r+2\pi k=B*+2\pi k$

则　$P=B-B*=2\pi k$（放松度）

如 $k=1cm$（衣服与净胸围之间的距离），则放松度应为 $2\pi\times 1cm=$ 6.28cm。依次推算。

②放松度大小的依据。放松度的计算中，假定人的净胸围 $B*$ 和加放松度后的衣服胸围 B 之间有空隙度（距离）k。根据实际情况，k 应包括两个因素，一是由于人身体的活动或气候等需要，衣服和身体之间及衣服和衣服之间要有空隙量；二是内套衣服的厚度。前者叫基本空隙量，根据经验此基本量为 2～2.5cm；后者叫内套装厚度量。因此，k 为基本空隙量与内套装厚度之和。另外，确定放松度的大小还应根据地区、季节、性别、年龄、习惯、爱好和工作性质来考虑基本空隙量和内装厚度。

③长度标志和围度放松度。

横裆：在大腿根外围量一周，加放松度 13～14cm。

裤口：围量踝一周并加放尺寸一倍。

第四节　结构设计制图方法概述

现代服装的裁剪方法大致可分为立体截剪和平面裁剪两大类。在平面裁剪中，常见的有比例裁剪法、D 式裁剪法和原型裁剪法等。其中，原型裁剪法广泛用于国际服装业。欧美和亚洲不少国家和地区都有各自的原型，虽然其作图的数据各不相同，但所使用的方法基本上是一致的。日本的原型裁剪法对我国的影响较大，这是由于中日两国妇女的体型差异不大，因此其自 20 世纪 80 年代进入中国以后，很快被我国服装界和服装教育界所接受。

原型截剪法在日本又称为洋服裁剪法。在长期的实践中，日本结合其本民族人的体型特征，不断地发展和改进，目前已演变为文化式、登丽美式、伊东式、田中式及由之派生的各种体系。其中文化式和登丽美式对我国影响最大。登丽美式流深历史最长，面文化式作图的参数最少，相对来说制图比较方便。

（一）原型裁剪法

世界上存在着的物体都有它自身不同的形状，这代表着其自身特征的形状就叫原型。服装的原型是根据人的体型而定的。人的体型由于各种因素，如人种、民族、性别、遗传、生活环境等的不同，其体型有着各种不同的变化。在这种情况下，按发育正常的标准体型，量取人体各部的标准净体规格尺寸，并运用它制出服装各部位的基本形状，就是服装原型。原型按性别成年区分，有女装原短、少安原、装原型等多种类别。按女性体部位区分，则有与上半身、下半身、手臂等三部分相对应的衣身、裙子、袖子等。

原型裁剪法以服装原型样板为绘图依据，然后根据服装款式的结构和造型要求，在原型的基础上，对各部位作放大、缩小、收省等处理，完成款式所需的结构设计，成为正式的服装平面图。其他异型体服装，只要设计师在原型各部位进行针对性的补正和处理，即可以同样裁剪出合体、满意的服装。无论哪种体型，只要穿着者的体型没有变化，其经过补正后的原型就可以长期使用，不管是夏装还是冬装，都可用相同的原型收到满意的效果。版型举例，如图 1-12 所示。

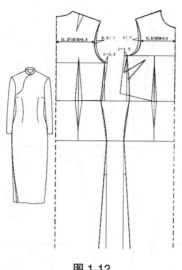

图 1-12

（二）比例裁剪法

比例裁剪法又被称为直打法。比例裁剪法就是选定人体的某些部位作为基准部位，以经验和数学的方法将服装裁剪中所需要的尺寸数据，归纳为一些包含基准部位尺寸的比例公式——一定比例乘以基准部位尺寸，再加减一个调整数，用求得的数据直接确定裁剪纸样。如以 1/4 胸围 +1cm 计算服装的胸围；1.5/10 胸围 +4cm 计算服装的胸宽等。比例法根据所选定的基准部位、基准部位的多少及常用的比例，可以分为胸度法、定寸法和短寸法等。胸度法就是主要以胸围尺寸为基准。裁剪中所需的尺寸大都按一定比例形式的胸围尺寸推算而得。胸度法按照比例形式，又可以分为三分法、四分法、六分法、八分法和十分法等。胸度法要求测量的数据少，制图快捷，但对一些特殊体型的服装适应较差。定寸法又被称为直接注寸裁剪法，它几乎完全凭裁剪者经验直接确定裁剪中所涉及的尺寸数据，甚至很少采用公式，这就要求裁剪者有丰富的实践经验，初学者不易掌握。短寸法又叫实寸法，是选取人体多个部位进行尺寸测量，然后根据服装款式将测得的数据稍做调整，按所得数据进行裁剪，这种方法测量尺寸多，但是适用于单件服装裁制，合体性强。我们虽然将比例裁剪法分为以上三类，但并不是说它们是相对孤立的，它们可以根据需要相互结合，灵活运用。1/4 胸围 +1cm 中 1/4 指的是单块纸样，加 1cm 一般是前片。因为女性前胸比后背的围度要大。比例裁剪法就是选定人体的某些部位作为基准部位。裁剪师以经验和数学的方法将服装裁剪中所需要的尺寸数据。比例裁剪法，如图 1-13 所示。

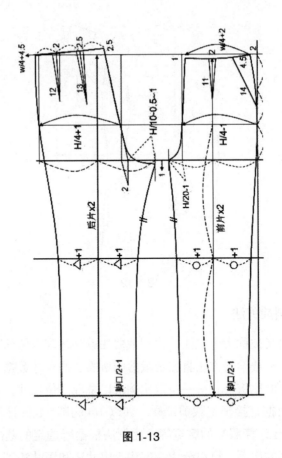

图 1-13

（三）原型裁剪法与比例裁剪法的比较分析

原型裁剪法的科学性较强，它的最大特点是能够合理地确定胸省的位置，正确地处理胸省间的转换，巧妙地运用胸省变化手法，从而理想地解决了女装变化的关键，适应各种服装款式和体型的变化。它没有繁杂的公式要死记硬背，人们只要弄通了原理和方法，就能对各类服装的裁剪做到融会贯通，得心应手，尤其适合合体性强的花式女装的裁剪。它不仅适用于单件服装的裁剪，也同样适用于大批量生产。与我国传统的比例裁剪法不同，原型法一般不直接在布上裁，而是要先打纸样，裁剪过程两步到位。同时，原型法的制图习惯也与比例法有所不同，比如比例法的各部位加放量是在量身时就加进取的尺寸中，而原型法量取的全部是净体尺寸，加放量则根据设计的不同需要体现在制图之中；比例法习惯于先画前片，再画后片，而原型法往往相反。另外，制图时这两种方法的标注方法也有些区别，这些都可能会使初学者感到不很习惯。

从服装工效学的角度来说，与服装造型最为息息相关的人体七大构造分别从属于人体的头、身和肢体，它们包括脖子、大小肩部、上下臂、前胸、后背、前后腰和臀部。现代三维立体式服装的衣片、裤片、裙片及其零部件的结构制图，均是由符合人体三维特点的相关横向、纵向、斜向和多向等升沉凸凹的结构线条形态所组成的。此外，为了强化服装的人体塑形效果，制作工艺的设计制定过程中往往还要将归和拔等整烫技术运用其中。因此，从服装人体工程学的角度来研究肌肉与骨骼的构造，进而掌握不同体型的造型特征及其运动规律，无论是对正常体型服装结构设计的舒适性与合体性诉求，还是对非正常体型人群在服装结构设计过程中，运用结构转化、掩饰等处理手段，来弥补并美化人体形态的不足，都是至关重要的。

人们对于裙装与裤装结合的创意设计与结构纸样研究，为了打破传统设计中裙装和裤装截然独立的常规设计，使设计具有个性化穿着体验，人们从外裙内裤、一边裙一边裤、前裙后裤、似裙似裤和可裙可裤可其他这五个方面探讨了裙装和裤装相结合的创意设计方法，并研究了其结构纸样的设计，为创意设计成衣造型提供了方便快捷的实现途径。好的创意能使服装打破常规，从不同的角度和方位上进行创新设计，赋予服装更多的设计内涵和更强的服装生命力。

本章基于作者多年的服装创意设计教学经验，探讨了将裙装和裤装结合在一起的创意设计方法，打破了传统设计中裙装和裤装各自独立设计的常规模式，从而达到意想不到的创意设计效果和具有个性化的设计穿着体验，同时将裙裤结合的创意设计理念通过结构版型的设计研究，将抽象的设计理念进行成衣实物化，解决二维平面与三维立体关系的转换过程问题，建构出适于裙裤结合创意设计的基本纸样系列和设计方法，最大限度地降低平面制版进行创造性设计的难度，增加平面制版的灵活性和创新性。传统的裙裤结合设计会让人联想到的是常规裙裤，裙裤款式结合了裤装所具有的裤腿分开的款式结构特点，同时又具有裙装飘逸、随性的款式造型风格，是众多女性喜爱的一种款式结构。本书将裙装和裤装地结合在更大层面上进行拓展设计，将裙装与裤装在各个方面进行不同形式和不同角度的创意结合，使其具有不同的穿着体验和别样的穿着风格。

肥胖和佝偻等特殊体型最科学的服装解决方案当属点对点式的个人定制。量体裁衣式的个人定制对于该类人群的特殊意义在于，在服装款式设计、结构设计和工艺设计制作等环节中，裁剪师可以依照特殊肢体的测量数据，来运用添加省道与活褶等款式设计手法、调整各部位尺码和提高放松量等结构设计手法，还有工艺设计中的特殊整烫等手法，使产品适应人体的特殊造型，从而矫正人体构造的不完美。在上述环节中，都离不开人们对于特体部位及其所对应的服装零部件结构的把握。各人体臀部形态，如图 1-14 所示。

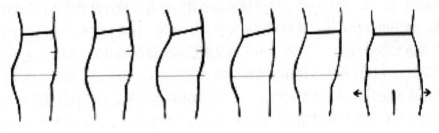

图 1-14

第五节　裙装结构设计方法和原理分析

一、人体体型对裙装原型结构设计的影响

　　裙装是覆盖人体腰部及以下部分的服装，合理的裙装结构设计既能展现静态造型的合体美观，又能满足穿着者日常生活中的基本运动。本节以裙装原型为例，基于人体工学理论，对人体在动静态时体态特征的变化进行数据分析，从裙装原型的腰围、臀围、裙摆的功能性设计和省道位置的科学化设计等方面，对裙装原型的基本构造理论进行全面分析。

　　裙装原型的裙身呈现自然垂落的 H 形，结构简洁。以裙装原型为基础，可变化出多种款式的裙装设计。从整体形态分析，裙装原型由腰臀间近似圆台体的复曲面与臀围以下圆筒状态两大部分组成。其中，腰臀间复曲面的结构处理会直接影响裙子着装后的合体状态和穿着舒适度。分析腰臀间的人体体型特征，理解裙装所需的必要放松量与日常活动运动量的加放原则，还有腰臀围度差产生的省道处理方法成为裙装原型纸样设计合体性的关键所在。

二、人体体型特征对围度的影响

（一）下半身外包围与人体的关系

　　在进行裙装原型制作时，裙身的尺寸往往是以人体臀围作为一个参考标准进行加放处理，但裙身所需最大围度长并不能简单的被视为人体臀围净尺寸。观察人体体型我们会发现，侧面的腹部前突和后臀突为前面与后面最突出的位置；体侧最突出位置也因人而异，人们在人体体型测量统计获取的数据中发现，体侧突出位并未落在臀围线上，73% 被测者的体侧最突出点落在臀围线下方的侧胯突位。用一片布包裹住人体下半身使之形成直筒形态时，面料与下半身各个方向的突出点为接触点，此时裙身所需的围度尺寸是将腹部前突位、后臀突、侧胯突等各方向最突出点的水平断面图重合，沿各水平断面的外缘所形成的整体下半身外包围线，这就是裙装制作时所需的最大围度，被称为下半身外包围。下半身外包围的尺寸比人体臀围大 2～3cm。在人体测量时，人们可以借助塑质薄板贴在体表的腹部前突位及侧胯突位进行精准计测。

（二）人体腰围线的位置

人体腰围线的位置分为两种情况：一种是人体直立状态下的腰线位置，既正面观察腰部时，标记出腰部右侧最凹处，经由该处的水平腰线，此位置上的腰围线适合作为上下身连衣款式的腰线，如连衣裙、西服、大衣等；另一种情况是在日常穿着裙装或裤装过程中，腰带所在的最舒适最稳定的位置，这类腰线适用于以腰部为主要支点的服装，如裙装与裤装。水平腰线与着装状态腰线的位置也存在个体差异，通常着装状态腰线会略低于水平腰线，倾斜角度也是因人而异的。在立体裁剪过程中裁剪者要注意观察人体体型特征，再进行腰线位置的确定。

（三）人体运动对裙装松量的影响

在进行裙装的结构设计时，腰围与臀围的松量处理不容忽视。合理的加放各围度的松量，可以使裙型更加合体美观，同时人体在进行日常生活中的基本动作时也不影响其美感及舒适度。在对人体跪坐（直立、90°前屈）、椅坐（直立、90°前屈）、站立（直立、90°前屈）的身体状态测量中我们可以看出，不同的动作可引起腰部和臀部的体表发生不同程度的伸展。这些尺寸的增加量则作为人体在日常生活所需必要活动量的参考值。人体在身体跪坐 90°前屈状态下，腰围的平均增加量为 2.7cm，腰部作为裙装的主要支撑点，加入过大的松量会导致裙装腰位下移，或产生过多的浮褶而影响美观性与舒适性，因此腰围的适当松量最大取 2cm；臀围在身体跪坐 90°前屈状态下平均增加 4cm，作为裙装原型，臀围的适当松量一般设定为 4cm。随着裙装的款式变化及裙装与人体间空隙量需求，臀围量要做适当调节。日常生活中除了以上动作外，裁剪者还要考虑到人体步行时便于行走的裙摆尺寸与裙长的比例关系。除去裙装设计中的开衩、褶皱处理及弹性面料对着装状态的影响，人们还要单纯考虑日常生活中方便行走的裙摆必要尺寸，根据常用裙长款式，对膝盖上 10cm 处、膝盖位、小腿最大围位和脚踝位进行测量位置的设定。测试者按日常步行的布幅行走，步行时用皮尺计测各测量部位的两腿外围尺寸，以两腿间无束缚感的最小必要值为标准。计测结果显示裙摆与裙长的尺寸增长值成正比，裙长越长所需的裙摆尺寸越大。

二、人体体型特征与省道的关系

根据款式设计的需要，人们可以对腰臀尺寸差进行收省、抽褶及其他处理，其最终目的都是为了能够更完美地展示人体腰臀间的曲线状态。在多种多样的处理方法中，收省成为塑造腰臀造型最基本的操作方法，也是进行裙装造型拓展设计的基础。在进行裙装基本型的立体裁剪操作时，腰臀间的造型适体度如何，往往取决于省道的位置、省量与省长。后两者可以通过对人体实际腰臀尺寸差的测量获得，各部位省量的分配系数与省长也有既定的比例关系。相比之下，省位的处理对裙子造型表现和结构合理性起到了决定性的影响。正确的省位是根据人体的骨骼与皮下肌肉及脂肪组织构成的曲面形态变化进行合理定位，分析腰臀部的体型曲率变化可以避免裙子产生不自然的浮褶，从而提高整体裙装造型合体度，还有着装舒适度。处理省道时，不论是从结构合理性还是准确灵活性，立体裁剪都尽显优势。特别在处理个体差异方面，人们可以通过直接观察人体腰臀间曲面状态进行省道处理，其相对平面作图中应用既定的公式确定省道更显正确直观。从省道处理操作中人们观察发现，完全不考虑人体体型特征或是机械性的按比例来确定省道位置的方式，比如省位过于靠近中心线或侧缝线，或多个省平均排列而显得省道位置分散，省道的长度与弧度状态等没有按照人体体型形态而收放的操作，都会影响裙装的整体效果和穿着舒适度。例如，人体腹部的形态就会直接影响前片裙装省道的状态，人体小腹扁平的体型，则前腹省较短，或与前腰省等长；当人体的腹部较为突出时，则前腹省略长于前腰省。为比较理想的省道状态，前后片各两个省有存在的不同意义：前腹省可以处理腹部的突出曲面，根据腹部突出程度不同，前腹省的长度发生变化，前腰省的省尖朝向髂骨隆起位，可将前侧面包裹合体；后臀省的省尖朝向臀高点，正确的处理后臀省可使裙型保持完美的臀形状态；后腰省可处理后腰部的侧突位。相关设计如图 1-15 所示。

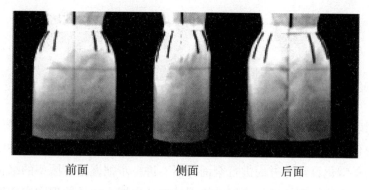

前面　　　　　　　　侧面　　　　　　　　后面

图 1-15

三、不同人体体型的结构处理方法

在进行裙装纸样设计时，人体的下半身体型中的腰围、臀围、腰臀厚度、前腹部、后臀高等体型特征对省位的状态的设计直接相关，为了更准确地进行立体裁剪实践，还有更快捷地将人体测量数据应用到纸样设计中，有必要对人体下半身体型进行研究。各人体下半身体型，如图 1-16 所示。1 号模特为较匀称的体型，小腹微突，从侧面状态可看出腰部厚度的中心点与臀部厚度的中心点两点所产生腰臀厚度较小，此类体型的腰省省量分布较均匀。2 号模特腹部较为突出，前片腰省的省量及省长需按腹突量调节。3 号模特腰部前倾的同时，臀部也向后突出，以保持体态平衡，侧面的腰臀厚度中心点未落在一条垂线上，产生了较大的腰臀厚度差，在进行纸样设计中，注意调整腰省省量比例来实现裙装的适体效果。4 号模特着装状态腰线并不是完全呈现水平状态，从侧面观察会发现腰线呈现后中心位置下落状态，下落量因人为异（1 ～ 1.5cm），如果在制作裙装时不注意下落量的调整，会导致裙身出现前撅或后腰位出现多余堆褶等不良效果。5 号模特呈现反身体的体型特征，人体中心体轴向后倾，胸部挺出，臀向后突出，腰后部曲线明显，身侧面的腰臀厚度中心点形成了明显斜度，裁剪时注意臀围尺寸为净体臀围加入 3 ～ 4cm 的活动量，同时还要加入腹突量（2 ～ 3cm），后腰省的省量比例也需适度加大。正面观察 6 号模特的体型，HL 向下 10cm 的大腿部宽度明显大于臀宽，热衷运动的女性多呈现此类腿部特征，在进行裙装纸样设计时，要考虑到腿部突出量的加放，增大外包围尺寸，以避免裙子围度不足而产生的不自然斜褶。

图 1-16

以裙装原型为例，基于人体工学理论，裁剪者对人体在动态和静态时体态特征的变化进行数据分析，从裙装原型的腰围、臀围、裙摆的功能性设计和省道位置的科学化设计等方面进行全面分析，进一步把握裙装原型的结构变化规律。同时，人体体型特征与原型结构设计中的数据变化及原理同样适用于其他裙装款式，文中各结构要素的分析为不同款式的裙装设计提供了理论依据，具有一定的参考价值。

第六节　裤装结构设计方法和原理分析

裤装的结构特点因圆肚体态者和筒状体态者对于裤装结构形态的特殊性需求，一般为了满足于该类人群腹部圆润的肉态，需要将裤子前腰片上的胯部结构线由曲线转化为直线，并在腰线之下增加两个长真褶，褶的长度依据腹部的肥胖程度而定，以增加活动量，而为了规避肥胖体型两侧腰线的外凸和臀围过大所造成的赘肉堆积感，一般要在后臀部位设置臀省或育克。在裤口处的结构制图过程中，人们要考虑到脚部的肥大而造成的脚背加高这一因素，因此前裤片的裤口要比正常体型的前裤口多上移 1cm。裤子整烫时尤其要注意归拔工艺的使用，这是为了使裤子造型更加富于人体的立体感。裤装结构如图 1-17 所示。

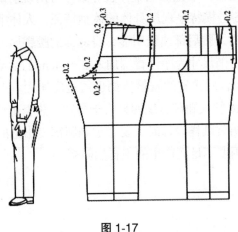

图 1-17

一、裤子

裤子以裤长 103 cm，腰围 96 cm，臀围 120 cm，裤脚口 23 cm 的胖体数据为例，肥胖体由于腹部凸起，腰围和臀围尺寸的比例与正常体型有所不同，正常体腰和臀围的差数一般为 30 cm，而肥胖体的腰臀差数一般仅为 23 cm，相对来说其属于腰大臀小的类型。制图时裁剪者可以在正常体型的基础上将前片的前裆部位外斜 1 cm，裤缝线内侧上抬 1.5 cm 左右，腰大线增加 1 cm，裤子后片的中缝线外斜 1.5 cm 左右，臀围线上下分别下移 0.5 cm、后翘 0.5 寸，并根据后裆斜度的大小将后裆开门向下移 0.5 cm，其余部位可以按照正常体型制图。

二、佝偻体形服装

佝偻体的后背弯而隆起，脖子向前倾斜，前胸平塌，整个上身向前弯躬，同时肩头前移，臀部也发生变化，这些特点与挺胸体恰恰相反。如果按照正常体型的裁法，会出现因后身短而吊背，使前身下边裂口，袖子和前胸等部位出现前长后短、前松后紧及充满皱纹等现象。上装佝偻体服装量裁，人们需找出前后身长短的差数，数据测量时先在腰部取一条平线（可用线绳缚住），由肩缝靠领根处通过前胸量至平线，再由后背领窝处向下量至平线。有了前身与后身的长度，两个数字相比较，便知道人的驼背的大小。裁剪时要注意中腰以上前后身长的差数，其差数与挺胸体相反。佝偻体形的后身弧度大，相应的后身就长，计算办法是把前后身长的差数加在后背上（一般长 6～7 cm），袖窿深应缩小 1～2 cm 用来调整袖窿的周长，后背应加宽 1 cm，前宽应减少 1.5 cm，由于后身加长，后身披肩应按总肩的 1/10+1.5 cm 来调整袖窿的周长，前身起翘 1.5 cm，后身起翘 0.5 cm，其余部位可按正常体型制图。

每个人都有追求美的权利，对于肥胖和佝偻等特殊体型的结构制图研究，是服装设计者在服装设计过程中遵循以人为本思想的一次飞跃。

第二章　裙装结构设计方法和案例

人们可以通过了解裙子的构成的基本因素，理解裙子结构变化的基本规律和原理，并掌握裙子各种裙子变化结构设计的基本原理、方法和步骤，从而能够设计出各类款型的裙子结构样板。

第一节　裙装概述

本书所指的裙装是指包裹腰部及腰部以下肢体的半截裙，即不包括连衣裙的范畴。裙装是女性常见的服装款式，四季皆可穿用，其款式变化丰富，能体现女性柔美、活泼、浪漫等个性特点的服装品种，男子极少穿用。

裙子虽基本结构比较简单，它主要是由两个长度和三个围度构成裙基本型，包括裙长、臀长和腰围、臀围、摆围，但其变化设计丰富，裙装变化结构分类可从多个方面来分。从造型上来分，其依据是臀围和裙摆相比较，基本可分为矩形裙、梯形裙、棱形裙和圆形裙（也可叫扇形）五种——矩形裙的结构特点臀围和裙摆大小基本相等（如直筒裙等），梯形裙结构特点为臀围小于裙摆（如小喇叭裙等），倒梯形裙结构特点为臀围大于裙摆（如灯笼裙等），圆形裙为裙摆呈 90° 以上的圆弧状（如圆形裙等）。根据造型区别命名如图 2-1 所示

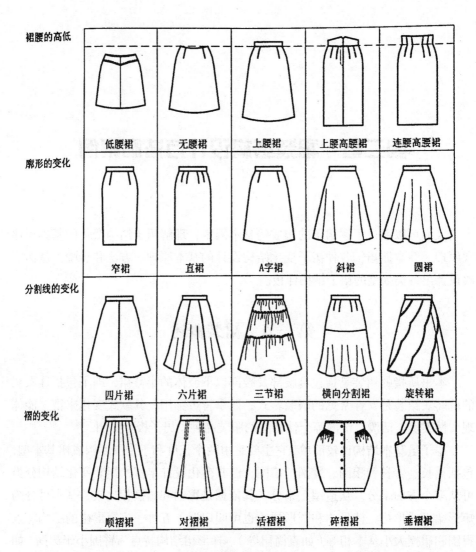

图 2-1

　　从长度上分：裙子可分为超短裙、短裙、中长裙、长裙、及地长裙和拖地长裙；从腰部形态分，裙子可分为低腰裙、齐腰裙、中腰裙和高腰裙，如图 2-2 和图 2-3 所示。裙装还可从面料、用途、季节和装饰功能性等多方面来分类，这里就不一一叙述。

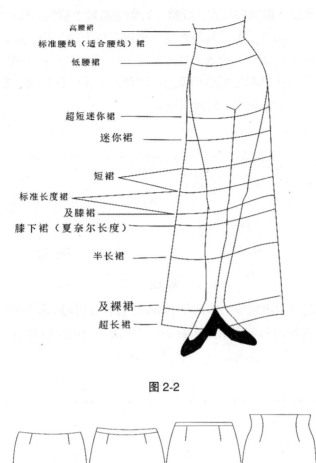

图 2-2

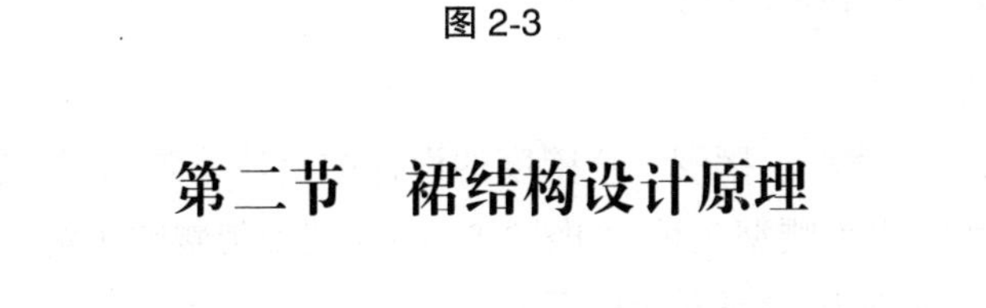

图 2-3

第二节　裙结构设计原理

一、裙结构设计原理依据

（一）人体部位特征及分析

裙子主要由裙长、腰臀长、腰围、臀围、摆位五个基本控制部位构成，女性胸以下腰臀部位的体型特征如图 2-4 所示，从侧面观看腹部圆浑前凸，臀部丰满后凸，臀至腰一般倾斜较大，故裙子后侧应略短于前侧。从正面观看人体，左右两侧对称，臀围至腰节呈倾斜弧度，侧腰节以下即为胯骨点，是下装穿着赖以"挂住"的重要部位，裙腰的最大围度不得超过这一水平围度。因此由侧腰节至臀围处必须作出明显的凸出弧线。因此，裙体这部位的左右两侧长度，又略长于前后中。胯骨是裙腰的极限位置。

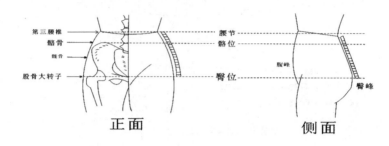

图 2-4

从图中人们可看出腰节后中比前中略低，臀位在臀峰和胯骨的水平围度上，腰臀差是构成省量的基本因素。从表 2-1 中数据人们可知体型由瘦体（Y 体）→胖体（C 体）胸腰差逐渐变小，其臀腰差亦变小。

表 2-1

体型 部位差	Y	A	B	C
胸腰差	24～19	18～14	13～9	8～4
臀腰差	30～25	24～20	19～15	14～10

（二）各控制部位的设计要领

（1）腰部设计

腰围在腰围、臀围、摆围三个围度的设计中是较稳定因素。腰头款型一般有装腰型、连腰型和无腰型三种，如图 2-5 所示，其中装腰腰头宽一般为 2～4cm（宽腰裙除外），使用超薄型面料可为 1～2cm。

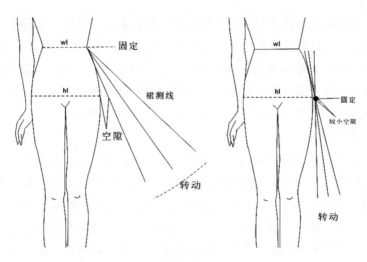

图 2-5

裙装腰围、臀围的松量一般取人体在自然状态下的舒适量，腰部是下装固定的部位，其放松量的设计相对固定，人们根据分析可知正常腰腰部的松量一般为 1～2cm（牛仔裤因面料和款式特点的需要除外）；臀部是人体下部最丰满的部位，也是裙装造型变化最丰富的部位，如何表现臀部的美感和适合臀部运动是下装裙装结构设计的重要内容。人们根据分析，得出表 2-2。

表 2-2

姿势	动作	平均增加量（cm）	
		腰围松量	臀围松量
直立正常姿势	前屈 45°～90°	1.1～1.8	0.6～1.3
坐在椅上	前屈 0～90°	1.5～2.7	2.6～3.5
席地而坐	前屈 0～90°	1.6～2.9	2.9～4.0

从腰部形态来分，裙装一般可分为高腰裙、齐腰裙、低腰裙、连腰裙等。对于加宽的宽腰、高腰（如图 2-6），是按人体腰节往上逐渐加大（倾斜）围度，构成裙腰上口大于腰底口的造型。齐腰节或低于腰节的款式，必须依据人体形态从腰节往下增大裙腰的围度，而且裙体腰口落下的最大限度是在胯骨上缘，否则裙子就会下落，无法穿用。

（2）臀部设计

臀部包括臀围、中臀围和臀长三个部位。臀围是取自臀峰与胯骨之间的水平围度，并按人体需要另加放松量，包含臀围舒适度的臀围松量一般为 4cm。根据面料的厚度不同基本放松量一般为 4～6 cm，不同款式、造型放松量加放不同。中臀围在腰围和臀围的中间位置。臀长对于正常体比较稳定，一般为0.1号+2cm，就裙体造型变化而言，其可适当变化。这个部位包括腰节、前腹、后臀及侧髋骨等，是体表起伏显著的部位。裙装无裆部的牵制，其放松量相对较小；对于非弹性面料裁制的裙子，其臀围放松量一般为4cm以上，人们可以根据不同的设计意图和内套服装的厚度来加放一定的放松量。

（3）摆围设计

摆围是指裙子下摆的周长，它是三个围度中表现丰富、变化较大的部位。从服装实用性的角度看，裙摆的大小，取决于人体下肢运动的范围和幅度，其一般随裙长增加而增加，否则要通过裙开衩的方式解决基本运动的加放量问题。通常裙摆越大越便于下肢运动，如芭蕾舞演员要进行大幅度跳跃动作，可采用360度角的展面设计裙摆。反之，裙摆越小越限制运动幅度，裙摆小到一定长度需开衩以增大运动范围。

（4）裙长的设计

裙长的设计可参看图2-3。一般生活中裙装可分为超短裙、短裙、中裙、长裙和拖地长裙五个种类，超短裙的摆围线约在横裆线至大腿中围线之间，短裙的摆围线在大腿中围线以下膝盖以上，中裙在膝盖上沿至小腿肚中线以上，长裙为小腿肚中线至地平面，地平面以外为拖地长裙。裙长设计参考尺寸如表2-3。

表 2-3

部位	不带腰头尺寸	带腰头尺寸	裙长短名称
WL——横裆	24	27	—
WL——大腿中围	38	41	超短裙
WL——膝围线	52	55	短裙
WL——小腿上部中围	63	66	中裙
WL——小腿中围	75	78	中长裙
WL——小腿下部中围	86	89	长裙
WL——脚平面	98	101	超长裙

（三）裙子廓形结构变化规律

对廓形的理解可以说是人对服装造型的整体把握和凝练。人们通常用裙摆的宽度划分裙子廓形的种类，即紧身裙，半紧身裙、斜裙、半圆裙和整圆裙。从表面上看，影响裙子外形的是裙摆，而实质制约裙摆的关键在于裙腰线的构成方式。这一规律可以从紧身裙到整圆裙结构的演化中得以证明，如图2-6所示。

从外形造型的角度来分析裙装，依据裙摆张开程度由大到小的顺序为紧身裙→半紧身裙→A形裙→半圆裙→圆裙；从内部结构变化的角度来分析裙装，结构设计的处理方法是多样的，从而有有省裙、无省裙、分割裙、褶裥裙几种裙型。

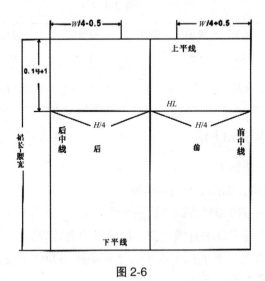

图 2-6

二、裙装基本型结构设计

基本原型裙结构设计如下。

（一）各部位线条名称

各部位线条名称，如图 2-7 所示。

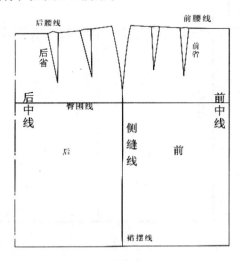

图 2-7

（二）规格尺寸

规格尺寸，见表2-4。

表2-4   cm

号型	裙长	腰围	臀围	臀长	摆围	腰头宽
160/66A·90	53	68	94	18	94	3
松量及计算方法或公式	及膝	2	4	0.1 号 +2	同臀围	2～4

（三）绘图步骤和方法

绘图步骤和方法如下。

1）基础线制图，如图 2-8 所示步骤如下。

①前中线：在右边作竖直线为裙前中线。

②上平线：作前中线垂直线为前、后腰口的基础线。

③下平线：以上、下平行于上平线之间的距离裙长 - 腰头（3cm）作垂直于前中线的水平线作为裙下摆的基础线。

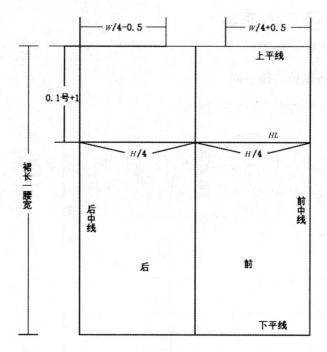

图 2-8

④臀围线：由上平线向下量取 1/10 号 +1cm，作平行于上平线的水平线，

上平线与臀围线间距为臀高。

⑤前臀围大：在臀围线上量取 1/4 臀围作平行于前中线的直线。

⑥前腰围大：由前中线起沿上平线量取 1/4 腰围 +0.5 cm 为前腰围大。

⑦后中线：作平行于前中线的直线，为裙后中缝线，与前中线间距不小
1/2 臀围。

⑧后臀围大：在臀围线上量取 1/4 臀围作平行于后中线的直线。

⑨后腰围大：由后中线沿上平线量取 1/4 腰围 -0.5cm 为后腰围大。

2）前、后裙片轮廓线制图，如图 2-9 所示。

制图步骤如下。

①前腰省：确定省量，在前片上平线上量取前臀围大 - 前腰围大，差数为
前片腰口收省量，确定省位，按前腰围大、前臀围大各分成三等分定出省中线，
前省长为 10cm 和 11cm，省大为 1/2 臀腰差数，然后连接省各大点与省尖点为
前腰省。

②前腰缝线。由前片腰口侧缝处向上起翘 0.8 cm 定点，省中线上端定点，
前中线与上平线相交处定点，用弧线把以上各点连接起来，腰缝线与省线相交
处呈直角。

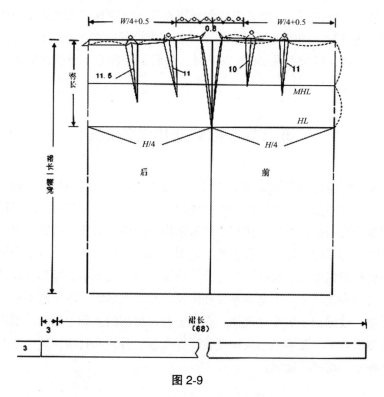

图 2-9

③前侧缝线。由前腰口侧缝起翘点至臀围点用弧线连接，侧缝线与腰口线相交处呈直角，臀围线以下基本呈直线。

④后腰省。后腰省定位方法与前片类同，后省长 11 cm 和 11.5cm，后省缝两边线宜直。

⑤后腰缝线。后中线与上平线相交处落下 1 cm，然后按前腰缝线方法画顺后腰缝线。

⑥后侧缝线。后侧缝线与前侧缝线画法类同。

人们可以根据以上绘制步骤，依次画顺前、后腰口省，前、后腰缝线，前、后侧缝线等，还有前、后裙片的轮廓线。

3）制图必要说明如下。

①因为在腰部有腹突，为达到前后腰口与腹部的平衡，因而前腰口半比后半腰口大 0.5～1cm。

②因裙无裆部牵制，只考虑造型因素，为与腰口达到平衡，前后半臀围一般前 H 不小于后 H，其分配公式为 $H/4±（0～1）$。

③前腰节线一般高于后腰节线 0.5～1.5cm，因此在结构图中表现为后腰节比前腰节降低 1cm。

④对于有省裙而言，腰省设计和臀腰差及人体髋骨的存在关系密切，一般在侧缝和前后片中的腹突与臀突处设计省。当臀腰差在 24cm 以上时，前后半片各收 2 个省，臀腰差在 24cm 以下时，前后半片各收 1 个省。无省裙应另当别论。

第三节　裙装变化结构设计

裙装是舒适性和装饰性相结合的服装种类，其造型范围最广，表现最为丰富，设计的空间很大。结构设计经常使用打褶、展开，分割再配以归拔处理、省的变换等使用处理方法，使某个造型结构顺应体型的凸起或凹进来达到贴身或造型的结构目的，除在"服装基本造型"范围内的变化以外，结合服装造型的发展史和现代服装造型的"多元化"特征，服装的基本造型结构及其变化，不仅为设计者提供了一个基本条件和依据，而且大多数的服装造型都要脱离开它的原型，根据裙子的变化规律，在保证合理结构的基础上进行造型表现。裙子的造型沿着三个基本结构规律变化，即廓形、分割和打褶，这三个变化的基本规律决定了裙子的廓形。

一、廓形变化裙

（一）紧身裙

1. 款式特点及款式图示

①款式特点：紧身裙在众多的裙子造型当中，处在贴身的极限，是一种特殊状态，亦叫包裙、筒裙、一步裙，造型合体简洁，适宜四季穿着。前、后各收两省，裙片后中缝上端装拉链、装腰头，腰头门一粒明纽或装暗挂钩，后片中线下端开衩。面料的选择范围较广，厚薄面料皆可。

②款式，如图 2-10 与图 2-11 所示。

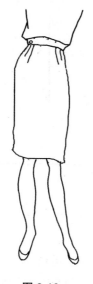

图 2-10

图 2-11

2. 规格尺寸表

表 2-5
cm

部位	裙长	腰围	臀围	臀长	摆围	腰宽
尺寸	53	68	94	17	91	3
计算	及膝	型 +0～2	$H+4～6$	0.1 号 +1	−3	2～3
档差	2	4	3.6	1	3	0

3. 结构设计

结构设计, 如图 2-12 所示。

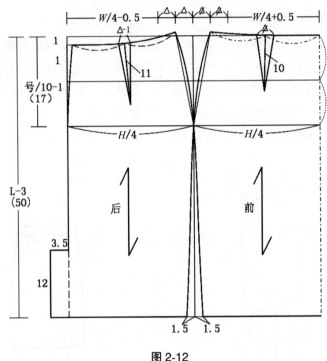

图 2-12

4. 设计要领与说明

紧身裙的裙长一般从胯骨点向上(3.5cm)量起, 裙长可根据设计意图而定, 可长可短, 但中间号型一般不短于 38cm。后开衩长度以此原则酌情设计。

臀围放松量一般是在净臀围基础上加 4 ～ 5cm, 里套衣服在此基础上另加放松量。

裙摆小于臀围。在原型裙的基础上侧缝往里收 1.5cm, 使底摆更合体, 但由于收底摆而阻碍运动, 因此应在后中开衩, 即保持了造型又适于日常基本的活动。

紧身裙结构可以在基本纸样的基础上增加一些功能性的设计, 即在后中线的上端设计足够量的开口并装拉链, 以便穿脱; 在下端设计便于行走的开衩, 这就要求裙后中线为断缝, 而这种断缝结构并非人们通常理解的施省结构, 而是一种实用结构。前身有两个腹省, 后身有两个臀省。

（二）喇叭裙

1. 款式特点及款式图示

①款式特点：造型呈 A 字形（下摆略张开），半合体，风格简洁大方，裙长适中；前后各收 2 省，前后皆连口，右侧缝装拉链；装腰头。

②款式如图 2-13 和图 2-14 所示。

图 2-13

图 2-14

2. 控制部位规格尺寸

控制部位规格尺寸，见表 2-6。

表 2-6　　　　　　　　　　　　　　cm

部位		裙长	腰围	摆围	腰头宽
号型	160/66A	66	68	148	3
原型尺寸		53	68	94	3

3. 结构设计

结构设计，如图 2-15 所示。

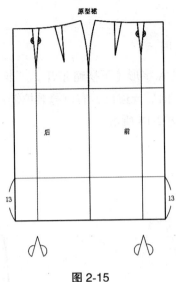

图 2-15

4. 设计要领与说明

①该裙是以原型裙为基础进行设计的。设计者首先应理解原型裙的基本结构，然后拓画原型，在原型裙基础上实施加长裙长 13cm 等一系列相应的处理手段。

②由省道变化成结构分割线，按图 2-16 所示转动剪开的裁片，并进行相应的省处理和底摆处理，得出喇叭裙的结构。

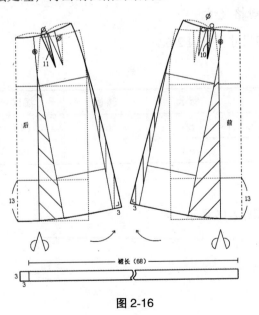

图 2-16

③该裙的设计原理可推广到无省裙的结构设计上，即如果把半裙片的两个腰省都做合并处理，摆将张得更大，裙的腰省消失，从而形成无省大喇叭裙结构。

④图中的阴影部分为裙摆张开的量。

（三）圆形裙（波浪裙）

1. 款式特点和款式图示

①款式特点：原形裙裙摆较大呈波浪状，也可叫作波浪裙；可分为 1/4 圆、1/2 圆和全圆裙，穿着效果很飘逸，富有动感。

②款式如图 2-17 和图 2-18 所示。

图 2-17

图 2-18

2. 规格尺寸

规格尺寸，见表 2-7。

表 2-7
cm

部位	裙长	腰围	腰头宽
尺寸	75	67	2
备注	小腿中围上	松量 1	较窄

3. 结构设计

结构设计，如图 2-19 所示。

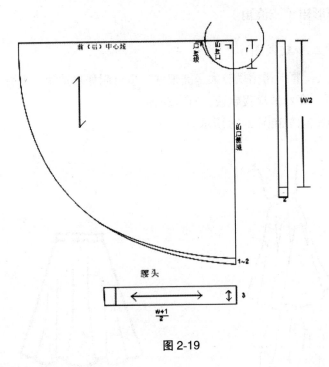

图 2-19

4. 设计要领及说明

太阳裙裙摆较大，制图原理为 360° 全圆喇叭裙；成品两侧张开伸展形成半圆形（180°）的喇叭裙，前后和侧缝 2 或 4 片拼接，即 1/2（前＋后）为半圆。其制图原理是把腰围看作圆的周长，四片裙腰刚好为一个圆周长，半个前后片对应 180° 的圆心角，半个前或后片对应 90° 圆心角；则 $W=2\pi r \rightarrow r=W/2\pi=67/6.28=10.7$；由此类推，制图原理为 720° 双圆喇叭裙的舞台效果裙，成品拉开成圆形 360° 的喇叭裙裙摆可牵至头顶，半径应为 $r=W/4\pi=5.35$，如图所示 2-19 所示；制图原理为 180° 的喇叭裙，成品展开为 90° 的 A 字裙，其 $r=21.4$ 时如图 2-20 所示。原型裙制图的半径尺寸表为表 2-8。

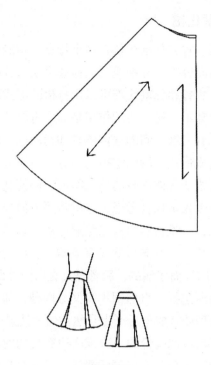

图 2-20

表 2-8

半径　　　　　　W+1 尺寸	4/ 圆喇叭裙（$w+1/0.5\pi$）	半圆喇叭裙（$w+1/\pi$）	全圆喇叭裙（$w+1/2\pi$）
58	36.96	18.48	9.24
60	38.20	19.10	9.55
62	39.48	19.74	9.87
64	40.76	20.38	10.19
66	42.04	21.02	10.51
68	43.32	21.66	10.83
70	44.60	22.30	11.15
72	45.84	22.92	11.46
74	47.12	23.56	11.78
76	48.40	24.20	12.10
78	49.68	24.84	12.42
80	50.96	25.48	12.74

二、分割、褶裥变化裙

从结构形式看，褶、省、分割线具有两个特点：功能性和造型性。裙分割线可竖向分割，也可横向分割，分割线可取代省可融入分割线中，分割线上可做一些褶裥装饰处理；裙省和分割线都可以用打褶的形式取代，它们的作用相同，而呈现出来的风格却不一样。褶的作用是为了省缺处理和塑形，褶具有多层性的立体效果，其具有三维空间的立体感觉和运动感。施褶的方法很多，它们都遵循着一个基本构成形式，即固定褶的一方，另一方自然运动。褶还具有装饰性。褶的造型容易改变人体本身的形态特征，而使其以新的面貌出现。总之，施褶要因时因地、因人来综合考虑，这就需要人们理解褶的种类和特点。褶的分类大体上有两种，一是自然褶；二是规律褶。自然褶具有随意性、多变性、丰富性和活泼性的特点，其典型款式有节裙，规律褶则表现出有秩序的动感特征。前者是具有外向性而华丽的；后者是具有内向性而庄重的。由此可见，设计者对褶的使用应有所选择。自然褶本身又分两种，即波形褶和缩褶，所谓波形褶是指通过结构处理使其成型后产生自然均匀的波浪造型，如整圆裙摆（图2-17，图2-18）；缩褶是指把接缝的一边或两边有目的的加长，其多余部分在缝制时缩成碎褶，成型后呈现为有肌理的褶皱。无论是自然褶还是规律褶，一般都与分割线结合设计。

（一）分割对裥裙

1. 款式特点和款式

①款式特点：运动型轻便裙，无腰头，前后皆有横向分割的约克，在半紧身裙的省道位置作竖向分割并加入两个箱式褶裥；工艺处理为在褶裥破缝线位置上辑明线，腰口加暗贴边。

②款式图示如图2-21所示。

图 2-21

2. 控制部位规格尺寸

控制部位规格尺寸，见表2-9。

表 2-9   cm

部位	裙长	腰围	臀围
尺寸	47	67	96

3. 结构设计

结构设计，如图 2-22 和图 2-23 所示。

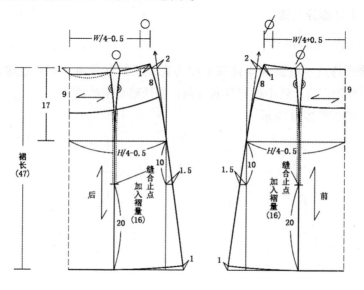

图 2-22

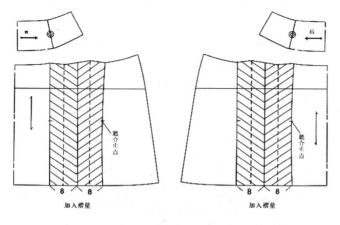

图 2-23

4. 设计要领及说明

①设计对裆裙时，为了保证其造型的自然性和运动时也不变形，人们应在增大摆围后的裙基础型上设计褶裆，否则褶将因没有张开的空间而变形。

②利用省量来设计分割线，省量融入分割线。

③合并省从而使裙摆张开，侧缝摆线应与臀围线相切来设计底摆张开量，使裙侧缝顺直，裙造型流畅。

④褶裆需用压明线的工艺方法进行固定，但褶裆张开的止点距离正常腰口一般在 35cm 以上。

（二）高腰分割裙

1. 款式特点和图示

①款式特点：高腰合体且有个性约克，腰部有竖向分割和过腰设计，明门襟，三粒扣；前、后中线有竖向分割；裙摆略有喇叭状。

②款式如图 2-24 所示。

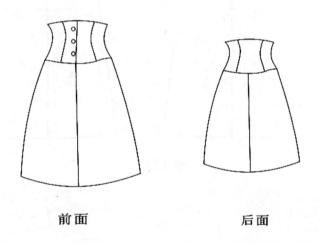

前面　　　　　　　　　　后面

图 2-24

2. 规格尺寸

规格尺寸，见表 2-10。

表 2-10　　　　　　　　cm

部位	裙长
尺寸	56

3. 结构设计

结构设计，如图 2-25 所示。

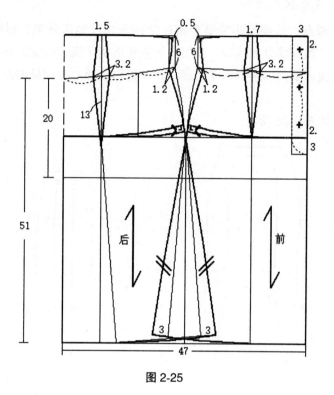

图 2-25

4. 设计要领及说明

①设计者在原型基础上设计此款；高腰设计高为 6cm，一般高腰设计不大于 10cm。

②由于过腰正置于腰部的一定区域内，其合身性就决定了分割线必须具有塑形的作用。

③在基本纸样中作分割线，过腰中竖分割线是为作收腰设计下边育克线离臀省尖 4.5cra，上边线以下边育克线的位置对应设计确定过腰宽。

④过腰的分割线中用一个半省收腰，处理成菱形结构，剩余的半个省可以在侧腰缝中去掉，也可以含在过腰中为放松量，即过腰结构可以保留一小部分放松量，这是它的实用功所决定的。高腰的值越大，越要考虑腰部的放松量问题。

⑤过腰与下半部分的连线作成稍有弧状，以下部分剩余省则要移成裙摆，使上下断缝线长度相同，最后增加侧摆 3cm 修顺侧缝线，修正过腰上边线与侧腰线为直角。

（二）八片鱼尾裙

1. 款式特点款式图示

①款式特点：该类型裙装整个裙片结构分八片竖向分割，裙摆造型颇似鱼尾而得名；其臀部呈流线型，曲线自然流畅造型丰满，裙摆张开有飘动感，裙长较长过膝，给人以亭亭玉立之感，其在材料选择上要用悬垂性强而不懈软织物。

②款式如图 2-26 所示。

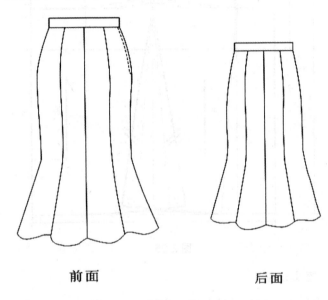

前面　　　　　　　　　　后面

图 2-26

2. 控制部位规格尺寸

控制部位规格尺寸，见表 2-11。

表 2-11
cm

部位	号型	裙长	腰围	臀围	臀长	腰宽
尺寸	160/68A·90	80	69	94	17	3
计算	—	过膝	原型 +0～2	$H+4～6$	0.1 号 +1	2～3

3. 结构设计图

结构设计，如图 2-27 所示。

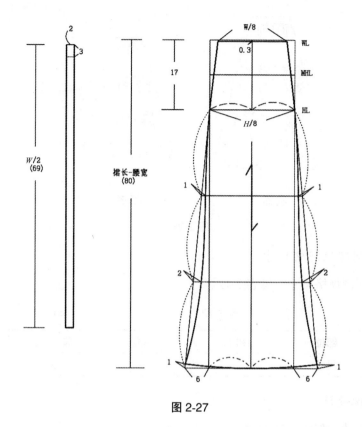

图 2-27

4. 设计要领和说明

其设计表现为分割与波形褶的并重结构。为了强调臀部的流线型和裙摆的飘动感，要采用多片分割和逐渐均匀增摆的处理方法。该裙型在纸样设计上以八片分割裙为基础进行，首先把腰部省量均匀地分配到分割线中，并将各分割线在膝关节位置（髌骨线）收缩 0.5cm，使臀部曲线自然流畅造型丰满。分割的每片下摆向两边对称张开 6 ～ 10cm，它的功能是起行走作用和增加动感。从整体造型上看，该裙型上部显得静而流畅，下部动而飘逸，给人以亭亭玉立之感。在材料选择上要用悬垂性强而不懈软织物。

（四）节裙

1. 款式图示

款式如图 2-28 所示。

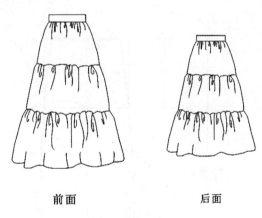

前面   后面

图 2-28

2. 控制部位规格尺寸

控制部位规格尺寸，见表 2-12。

表 2-12   cm

部位	裙长	腰围	腰头宽
尺寸	70	68	3

3. 结构设计

结构设计，如图 2-29 所示。

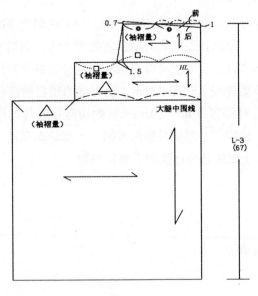

图 2-29

4. 设计说明及要领

裙长可自由分段，这里分为 3 段，从上往下逐渐变宽（亦可随意定宽度），抽褶量可自由设定。

（五）低腰分割碎褶灯笼裙

1. 款式特点和款式图示

①款式特点：其外形如灯笼，给人以可爱、独特的感觉，前片开襟，装 6 粒扣，有半分割并在分割上做碎褶；后做全分割线约克，也在分割线上抽碎褶进行造型；低腰无腰头，装贴边。

②款式如图 2-30 所示。

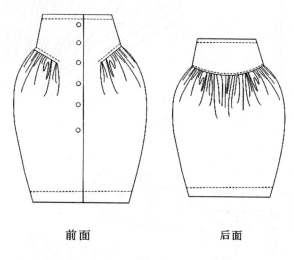

前面　　　　　　　　后面

图 2-30

2. 控制部位规格尺寸

控制部位规格尺寸，见表 2-13。

表 2-13　　　　　　　　　　　　　　　cm

部位	裙长	腰围
尺寸	50	75

3. 结构设计

结构设计，如图 2-31 ～图 2-35 所示。

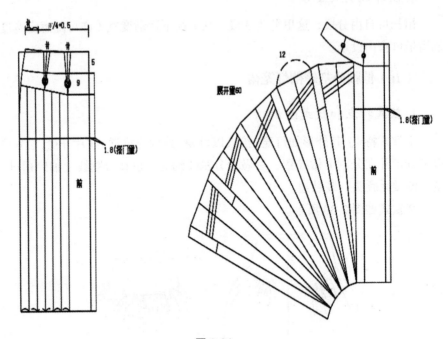

图 2-31

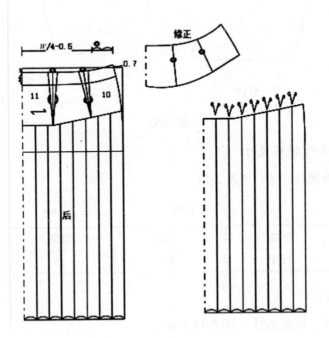

图 2-32

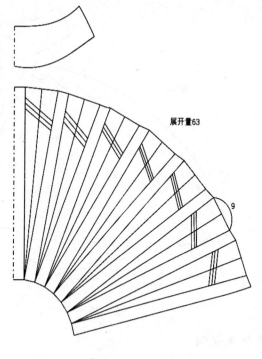

图 2-33

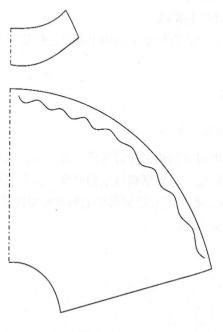

图 2-34

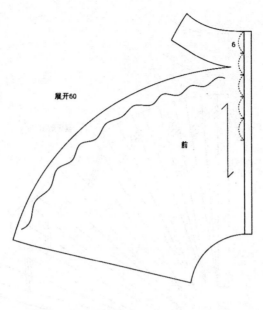

图 2-35

4. 设计要领及说明

①设计低腰时不能低过人体的髋骨。

②在原型基础上设计。

③利用省来设计半分割线。

④展开褶量的多少决定灯笼造型的丰满度，但褶量不能过多，以免缝制困难和中部太臃肿。

（六）百褶裙

1. 款式特点和款式图示

①款式特点：单向褶裥裙也称百褶裙，此款在静态下呈平面效果，动作时表现出立体感和流动美，随着褶裥数量的改变，会形成浪漫运动的感觉，此款设计 24 个单向褶裥，布料适宜使用薄型毛料或定型性好的化纤面料。

②款式如图 2-36 所示。

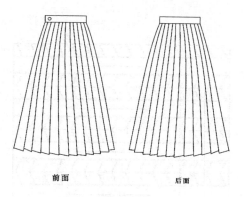

前面　　　　　后面

图 2-36

2. 控制部位成品规格尺寸

控制部位成品规格尺寸，见表 2-14。

表 2-14　　　　　　　　　　　　　　　　　cm

部位	裙长	腰围	臀围	中臀围	摆位
尺寸	66	70	96	92	116
松量	KL 以下	2	6	6	20

3. 结构设计

结构设计如图 2-37 和图 2-38 所示。

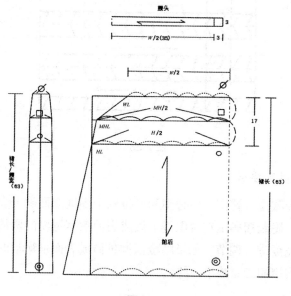

图 2-37

图 2-38

4. 制图说明及要领

该款裙装在腰围、臀围、中臀围和摆位四个围度方面确定表面褶裥的宽度（褶裥间隔）。隐蔽褶裥量在臀围线上做成表面褶裥宽度的两倍最为理想，具体可根据布幅宽度进行调节。如果隐蔽褶裥量做成表面褶裥量的两倍，布料不够用，因此隐蔽褶裥量要减小一些。

三、其他变化裙：

（一）裤裙

1.款式特点和款式图示

①款式特点：裤裙的外观像裙子，其构造方法和制图原理以裙子为基础。裙子的外观和舒适性，又有裤子的方便性。裤裙是在半紧身的基础上添加裆部的款式，裙前中有分割，后收两省，前中装隐形拉链，装腰头。

②款式如图 2-39 所示。

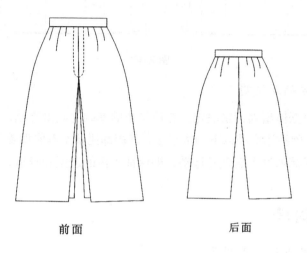

前面　　　　　　　　后面

如图 2-39

2.控制部位规格尺寸

控制部位规格尺寸见表 2-15。

表 2-15　　　　　　　　　　　　　　　　cm

部位 尺寸		裙长	腰围	臀围	立裆长
		L	W	H	D
号型	160/66A·90	70	68	96	32
备注		膝下	松量2	松量6	$0.3H+2 \sim 4$

3.结构设计

结构设计，如图 2-40 所示。

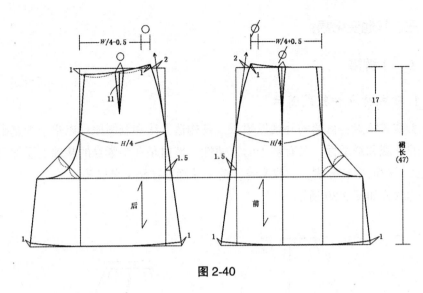

图 2-40

4. 制图要领及说明

裆宽可根据体型因素来决定，在原型裙的基础上画出立裆，并在裙横裆上做前后裆弯；因裤裙横裆以下加宽很多，其裆部比基本裤原型要下落 2～3cm，这样才不会因裤腿过大而阻碍运动，即保证了裙的造型和舒适，又有裤子适合运动的特点。

（二）袋鼠裙

1. 款式特点及款式图示

①款式特点：该裙造型呈灯笼形，两头小中间大，多个口袋设计如袋鼠状而得名，款式富有个性，结构特殊；前后线破缝，后装拉链，装腰头。

②款式如图 2-41 所示。

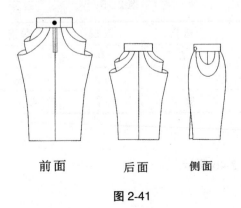

前面　　　　后面　　　　侧面

图 2-41

2. 控制部位规格尺寸

控制部位规格尺寸见表 2-16。

表 2-16

cm

部位	裙长	腰围	摆围	腰头宽
尺寸	66	68	94	3

3. 结构设计

结构设计如图 2-42 和图 2-43 所示。

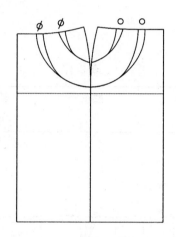

图 2-42

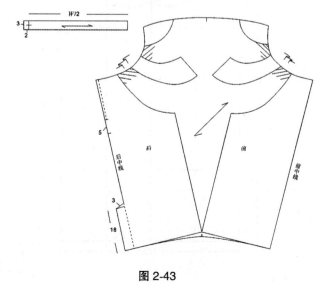

图 2-43

4. 设计要领及说明

该裙装以原型为基础，利用省的结构进行分割，即省融入分割线，并展开一定量（根据裙口袋的褶裥多少而定），从而得到袋鼠状的悬垂褶。

（三）育克 A 字裙

1. 款式特点

育克裙在前后衣片的上方横向剪开，裙片采用八片裙摆，底部微喇营造出 A 字裙的效果。

2. 制图规格

制图规格见表 2-17。

表 2-17   cm

号型	裙长	腰围	臀围	腰头
160/68	80	70	94	3

3. 结构制图

其结构制图如图 2-44 所示。

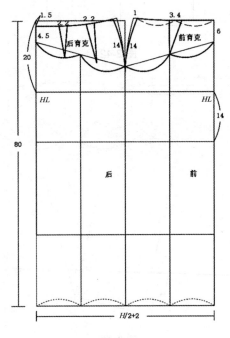

图 2-44

76

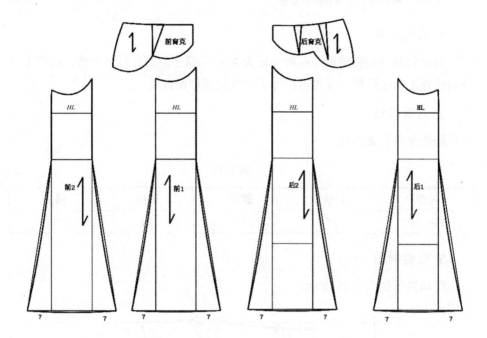

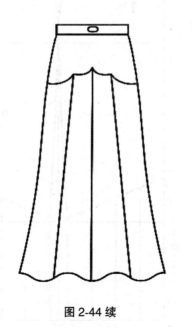

图2-44 续

（四）对称斜向分割鱼尾裙

1. 款式特点

对称斜向分割鱼尾裙是一种外形为 X 形的裙子。前片打两个褶，底部横向分割线处加鱼尾裙摆，完美的修饰了女性的腿部曲线美。

2. 制图规格

制图规格见表 2-18。

表 2-18　　　　　　　　　　　　　　　　　　　　　　　cm

号型	裙长	腰围	臀围	腰头
160/68	82	70	94	3

3. 结构制图

结构制图如图 2-45 所示。

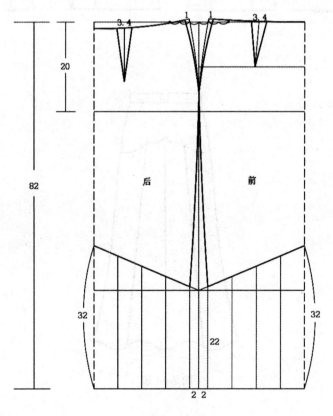

图 2-45

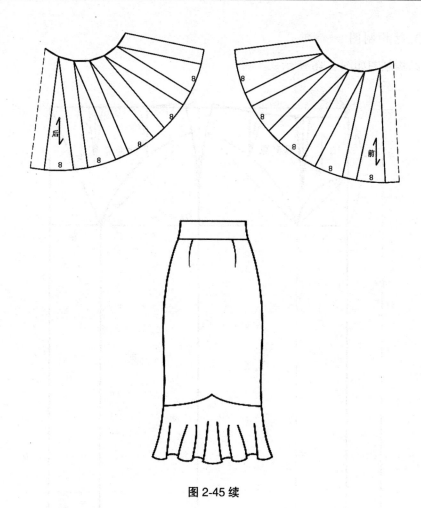

图 2-45 续

（五）弧形分割育克裙

1. 款式特点

弧形分割育克裙在前后片的上方横向剪开，育克部分收四个褶，裙片收三个褶，弧线的造型又给人一种灵动、轻盈的感觉。

2. 制图规格

制图规格见表 2-19。

`表 2-19   cm

号型	裙长	腰围	臀围	腰头
160/68	80	70	94	3

3. 结构制图

结构制图如图 2-46 所示。

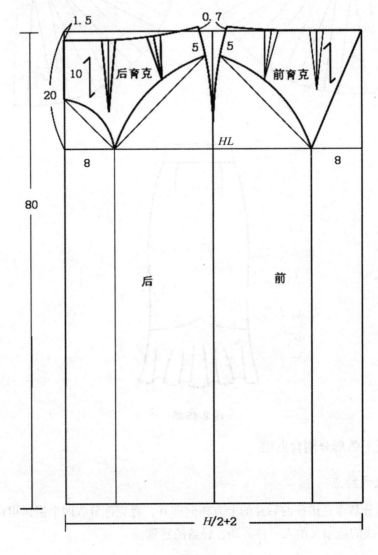

图 2-46

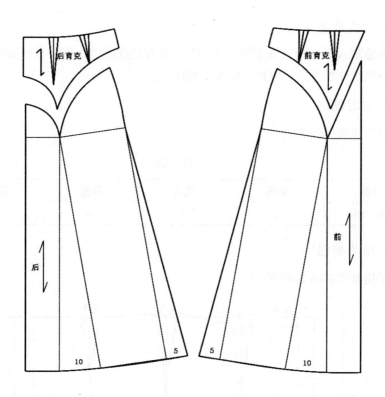

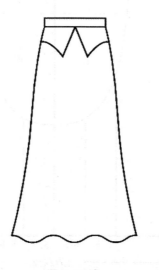

图 2-46 续

（六）纵分割 A 形裙

1. 款式特点

纵分割 A 形裙有腰头部分，共四片，裙片底摆收四个褶，呈现微喇状态，纵向分割线分割出前后侧片，整体造型独特。

2. 制图规格

绘图规格见表 2-20。

表 2-20　　　　　　　　　　　　　　　　　　　　　　cm

号型	裙长	腰围	臀围	腰头
160/68	60	70	94	3

3. 结构制图

结构制图如图 2-47 所示。

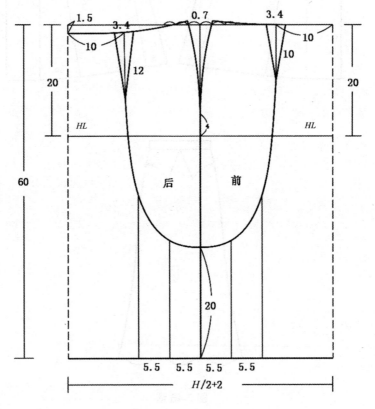

图 2-47

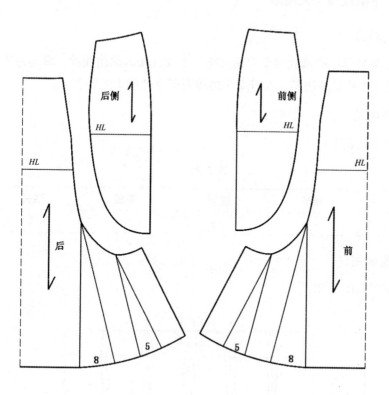

图 2-47 续

（七）分割线与交叉褶裙

1. 款式特点

其外形为 X 形，腰部收四个对褶，突出了女性腰部的曲线美，纵向分割，裙摆部分插入小片扇形裙摆，大量交叉褶体现了女性的柔美姿态。

2. 制图规格

制图规格见表 2-21。

表 2-21   cm

号型	裙长	腰围	臀围	腰头
160/68	65	70	94	3

3. 结构制图

结构制图如图 2-48 所示。

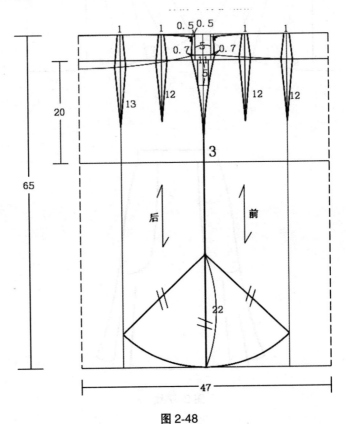

图 2-48

前　　　　　　　后

图 2-51 续

（八）缩褶裙

1. 款式特点

缩褶裙外形为 A 字形，有腰部结构，横行分割处缩小褶，上片收四个省。

2. 制图规格

制图规格见表 2-22。

表 2-22

cm

号型	裙长	腰围	臀围	腰头
160/68	70	70	94	3

3. 结构制图

结构制图如图 2-49 所示。

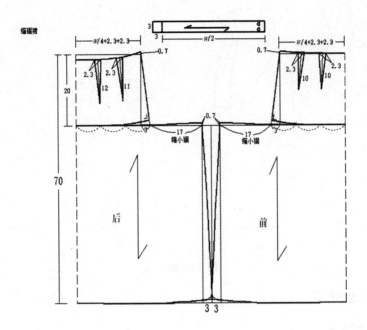

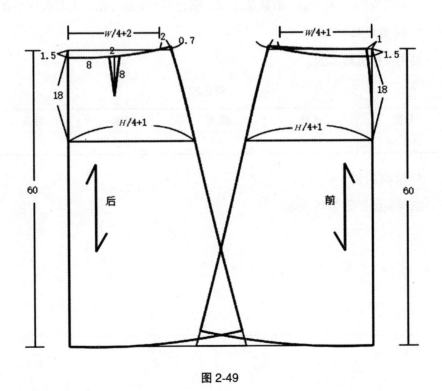

图 2-49

图 2-49 续

（九）A 字裙一

1. 款式特点

该裙型高腰合体，腰部有竖向分割和过腰设计，明门襟，三粒扣，前后中线破缝，裙摆略微有喇叭形状。

2. 制图规格

制图规格见表 2-23。

表 2-23

cm

号型	裙长	腰围	臀围	腰头
160/68	56	70	94	3

3. 结构制图

结构制图如图 2-50 所示。

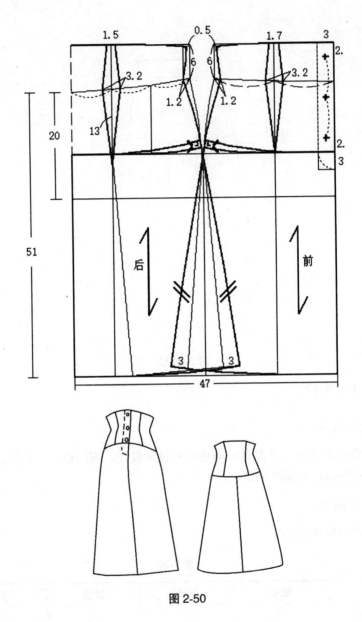

图 2-50

（十）A字裙二

1. 款式特点

该裙型有腰头设计，腰部收四个省且部分收小褶，明门襟。

2. 制图规格

制图规格见表2-24。

表 2-24

cm

号型	裙长	腰围	臀围	腰头
160/68	60	70	94	3

3. 结构制图

结构制图如图 2-51 所示。

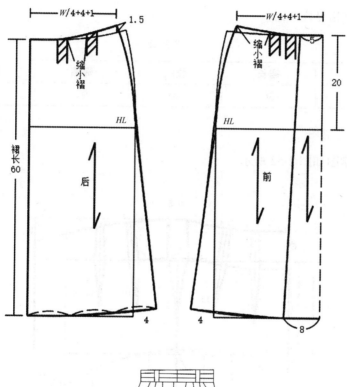

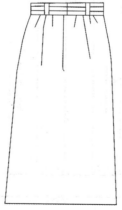

图 2-51

（十一）高腰分割喇叭裙

1. 款式特点

该裙型高腰合体，腰部收四个对褶，腰部右压左，有八颗双排扣，裙片纵行分割收省，裙摆是波浪形，微喇。

2. 制图规格

制图规格见表 2-25。

表 2-25 cm

号型	裙长	腰围	臀围	腰头
160/68	60	70	94	3

3. 结构制图

结构制图如图 2-52 所示。

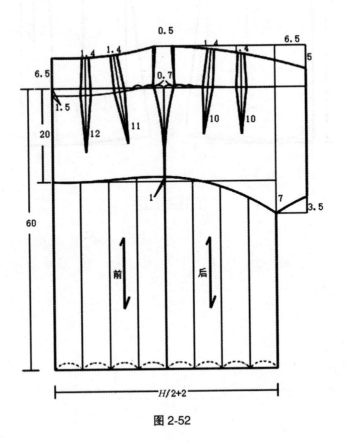

图 2-52

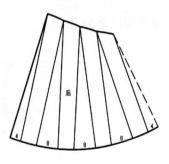

图 2-52 续

（十二）A 型层裙

1. 款式特点

其横行分割为三部分，三片各收四个褶，层层叠加，营造出一种蓬松感，给人一种俏皮活泼的感觉。

2. 制图规格

制图规格见表 2-26。

表 2-26　　　　　　　　　　　　　　　　　　　　　cm

号型	裙长	腰围	臀围	腰头
160/68	60	70	94	3

91

3. 结构制图

结构制图如图 2-53 所示。

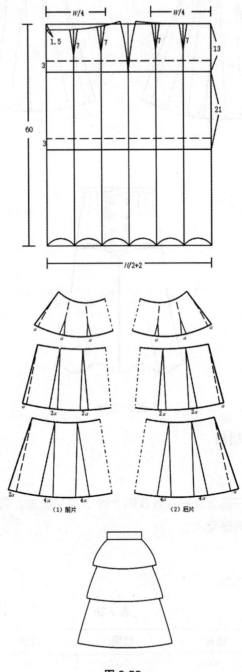

图 2-53

（十三）斜省水平折裥裙

1. 款式特点

该款式腰部有斜省，底摆水平折裥，两条明线设计，腰部像两个口袋造型。

2. 制图规格

制图规格见表 2-27。

表 2-27　　　　　　　　　　　　　　　　cm

号型	裙长	腰围	臀围	腰头
160/68	60	70	94	3

3. 结构制图

结构制图如图 2-54 所示。

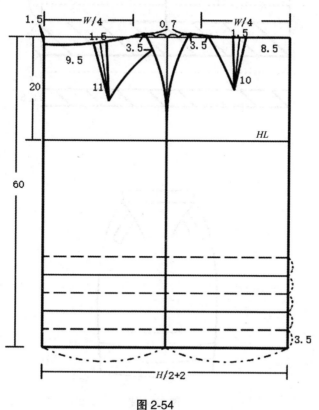

图 2-54

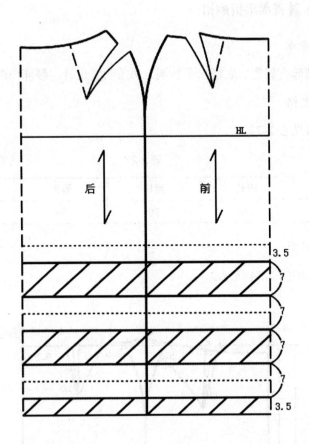

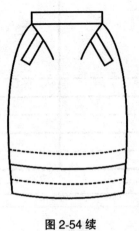

图 2-54 续

（十四）六片分割裙

1. 款式特点

六片裙的特点是以两侧缝为界，前后分三片。其按平常造型要求，前后两条竖向分割线，在人体中部的三等分点上，造型为 A 字形，臀围线以上合体，以下呈喇叭状，着装后上部显得静而流畅，下部显得动而飘逸，给人以亭亭玉立之感。

2. 制图规格

制图规格见表 2-28。

表 2-28
cm

号型	裙长	腰围	臀围	腰头
160/68	60	70	94	3

3. 结构制图

结构制图如图 2-55 所示。

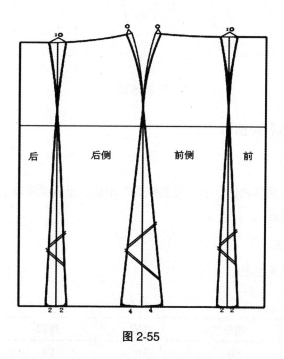

图 2-55

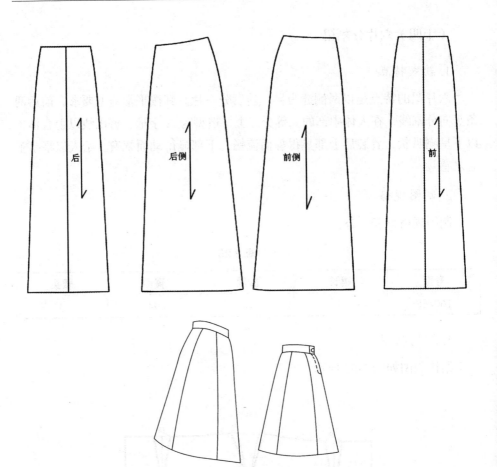

图 2-55 续

（十五）普利特褶裙

1. 款式特点

普利特褶裙裙部收四个省，底部侧摆收小褶，呈现微喇状态，前侧三粒扣，整体造型优雅别致。

2. 制图规格

制图规格见表 2-29。

表 2-29

cm

号型	裙长	腰围	臀围	腰头
160/68	60	70	94	3

3. 结构制图

结构制图如图 2-56 所示。

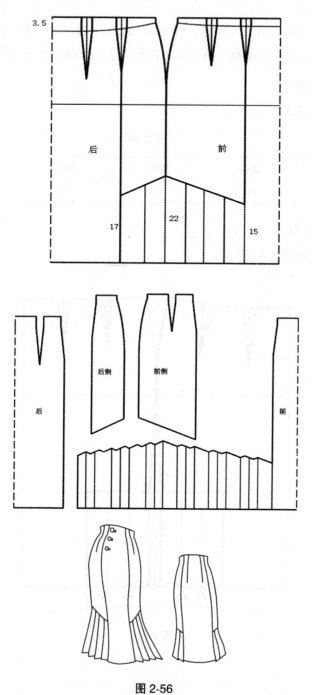

图 2-56

（十六）直线分割的波形褶裙

1. 款式特点

该款式有腰部设计，一粒扣，臀部以上收八个省，底摆侧缝位置采用直线分割的方式插入波形褶裙摆，臀部以上优雅得体，臀部以下活泼飘逸。

2. 制图规格

制图规格见表 2-30。

表 2-30　　　　　　　　　　　　　　　　　　cm

号型	裙长	腰围	臀围	腰头
160/68	60	70	94	3

3. 结构制图

结构制图如图 2-57 所示。

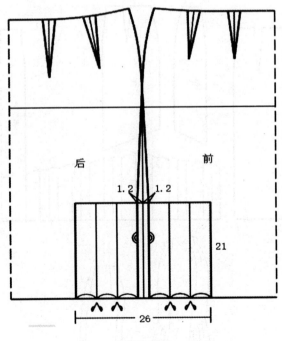

图 2-57

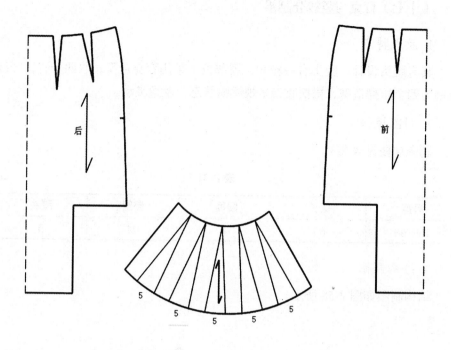

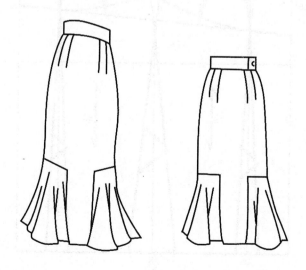

图 2-57 续

99

（十七）育克与竖线分割裙

1. 款式特点

其有腰头设计，腰头有一粒扣，臀部以上采用育克造型，收四个省，竖线分割为四个裙摆造型，裙摆收省呈现微喇状态，飘逸灵动。

2. 制图规格

制图规格见表 2-31。

表 2-31   cm

号型	裙长	腰围	臀围	腰头
160/68	60	70	94	3

3. 结构制图

结构制图如图 2-58 所示。

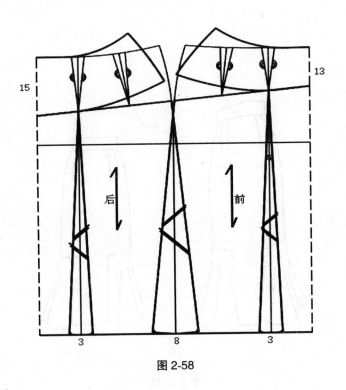

图 2-58

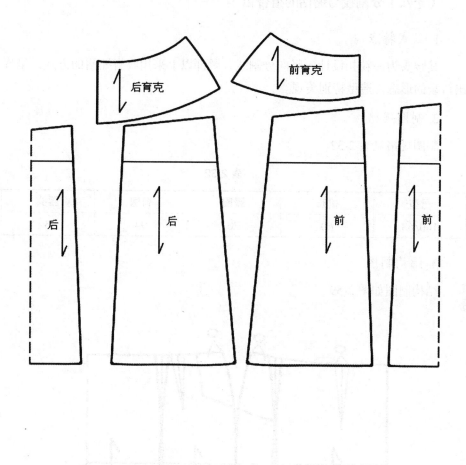

图2-58 续

（十八）分割线与缩褶的组合裙

1. 款式特点

其腰头为一粒扣设计，竖向分割线，臀部以上采用收省缩褶的方式，呈现出口袋的形态，造型特别美观。

2. 制图规格

制图规格见表2-32。

表2-32   cm

号型	裙长	腰围	臀围	腰头
160/68	60	70	94	3

3. 结构制图

结构制图如图2-59。

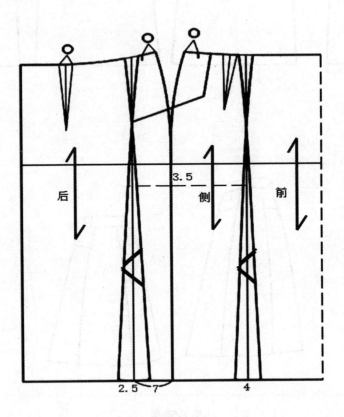

图 2-59

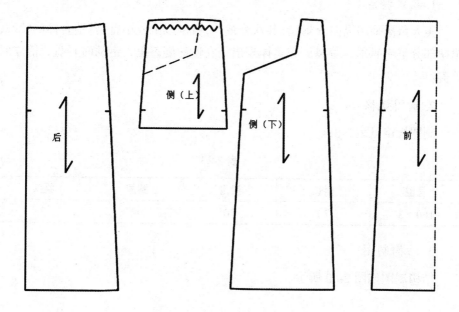

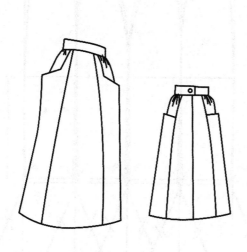

图 2-59 续

（十九）美人鱼裙

1. 款式特点

美人鱼裙采用纵向分割线，共八个裁片，臀部以上收小省，营造合体的状态，裙摆部分呈喇叭形，着装后完美体现出了女性的姿态美，走动时轻盈，静立时柔美。

2. 制图规格

制图规格见表 2-33。

表 2-33   cm

号型	裙长	腰围	臀围	腰头
160/68	70	70	94	3

3. 结构制图

结构制图如图 2-60 所示。

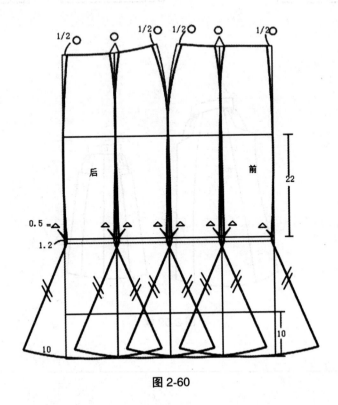

图 2-60

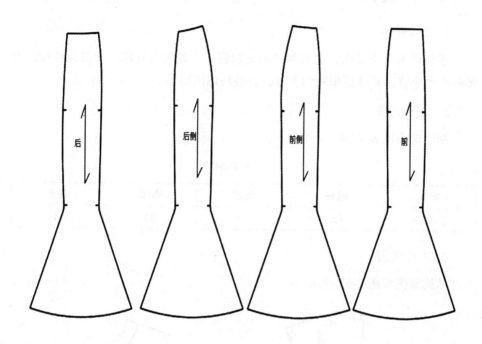

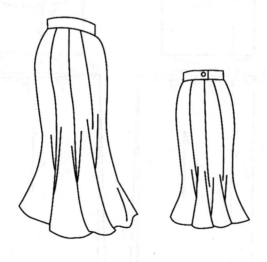

图 2-60 续

（二十）连衣裙一

1. 款式特点

连衣裙为上下结构，上衣为圆领无袖装，下装为直筒裙，全身九粒扣，腰部收八个小省，整体造型简约大方，着装后休闲得体。

2. 制图规格

制图规格见表 2-34。

表 2-34

cm

号型	裙长	腰围	臀围	腰头
160/68	98	70	94	3

3. 结构制图

结构制图如图 2-61 所示。

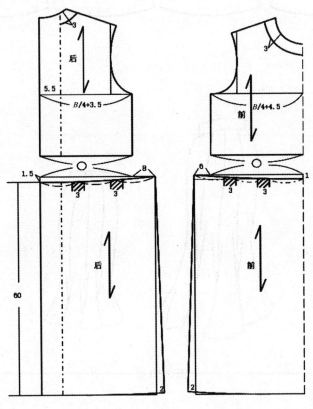

图 2-61

图 2-61 续

（二十一）连衣裙二

1. 款式特点

该款为无袖圆领连体裙，前中一条拉链，腰部为抽绳设计，臀部两侧有两个口袋，造型简单不失设计感。

2. 制图规格

制图规格见表 2-35。

表 2-35
cm

号型	裙长	腰围	臀围	腰头
160/68	101.5	70	94	3

3. 结构制图

结构制图如图 2-62 所示。

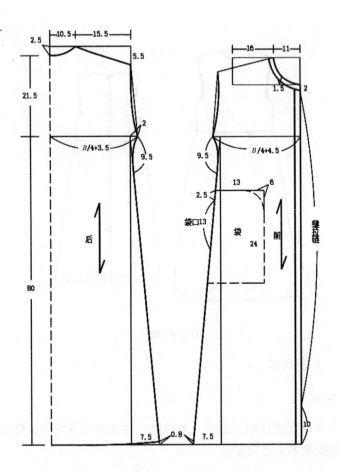

图 2-62

（二十二）连衣裙三

1. 款式特点

该款为上下结构，有腰带设计，上衣为无袖 V 领造型，上衣腰部收四个省，有抽绳结构，下衣为分割线 A 字裙，V 领设计大方显瘦，展现女性的颈部美。

2. 制图规格

制图规格见表 2-36。

表 2-36　　　　　　　　　　　　　　　　　　　cm

号型	裙长	腰围	臀围	腰头
160/68	100	70	94	3

3. 结构制图

结构制图如图 2-63 所示。

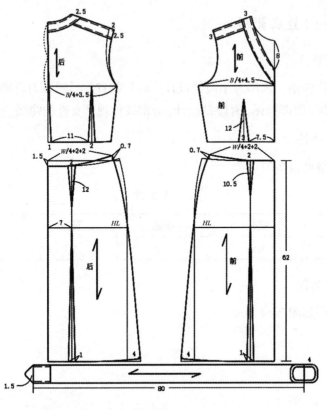

图 2-63

图 2-63 续

（二十三）连衣裙四

1. 款式特点

该款为连体裙，领部为小圆领设计，后肩收省，后腰开刀打断收省，腋下分割线到裙摆，腰部抽绳，有腰带设计，分割线体现了女性的曲线美，姿态优雅。

2. 制图规格

制图规格见表 2-37。

表 2-37   cm

号型	裙长	腰围	臀围	腰头
160/68	102	70	94	3

3. 结构制图

结构制图如图 2-64 所示。

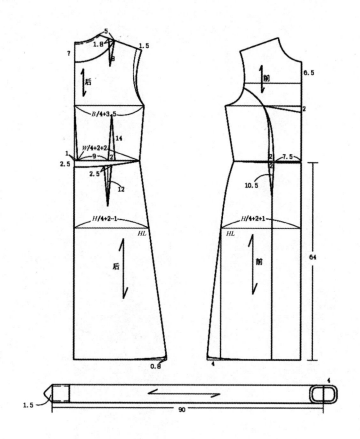

图 2-64

111

第三章 裤装结构设计方法和案例

一、裤装结构设计的六大要素

1. 上裆长

裤装结构中，上裆长是指从腰围线至横裆线的距离，与人体股上长有着密切联系，对于在人体腰围线装腰的裤装款式，上裆长为股上长、裆底松量、腰宽之和；对于低腰裤装款式，上裆长为股上长与裆底松量之和再减去低腰量。

2. 后上裆倾斜角

根据裤装不同风格，后上裆倾斜角可设计为，裙裤为 0°；宽松、较宽松风格裤装为 5°～10°；较贴体风格裤装为 10°～15°；贴体风格裤装为 15°～20°，其中生活用贴体裤常取 15°～17°，运动型贴体裤常取 17°～20°。

3. 前上裆倾斜量

前上裆倾斜角的结构处理形式是在前中心向内撇进约 1cm。在特殊的情况下（如腰部没有省道或褶裥时），为解决前腰臀差，撇去量可不大于 2cm。

裤装上裆运动松量的三种处理方法如下。

①裤上裆运动松量，后上裆倾斜增量（常用于贴体风格裤装）；

②裤上裆运动松量，裆底松量（常用于宽松风格裤装）；

③裤上裆运动松量，部分后上裆倾斜增量加部分裆底松量（常用于较宽松、较贴体风格裤装）。

4. 总裆宽及前、后裆宽的分配

总裆宽为人体腹臀宽与少量松量之和，一般裤装总裆宽取值为 $0.13H$～

0.16H。裤装内裆缝的位置即为前后裆宽的分界，一般前后裆宽的分配比例约为 1 ： 2，在具体应用时人们可根据款式风格进行适当调整。

5. 中裆的位置及大小

在裤装结构中，中裆线的位置对应着人体膝盖中点高，中裆的大小对应于人体膝围，除此之外还要综合考虑膝部前屈所需的运动松量及面料拉伸性等因素。

6. 挺缝线的造型与位置

①前后挺缝线均为直线型的裤装结构前挺缝线位于前横裆中点位置，即侧缝至前裆宽点的 1/2 处；后挺缝线位于后横裆中点位置，即侧缝至后裆宽点的 1/2 处。

②前挺缝线为直线型，后挺缝线为合体型的裤装结构

前挺缝线位于前横裆中点位置，后挺缝线位于后横裆的中点向侧缝偏移 0 ～ 2cm 处，后挺缝线偏移后，对后裤片必须进行熨烫工艺处理。

二、裤装基本型结构设计

（一）锥形裤一

1. 款式特点

锥形裤臀围稍宽松，腿围较胖，裤口较小，上宽下窄，穿着的侧面立体效果挺拔、干练、顺直。腰部有抽褶，松紧腰，前片两个开口袋，后片两个贴口袋，侧缝采用明线。

2. 制图规格

制图规格见表 3-1。

表 3-1   cm

号型	裤长	腰围	臀围	腰头
160/68	91	70	94	3

3. 结构制图

结构制图如图 3-1 所示。

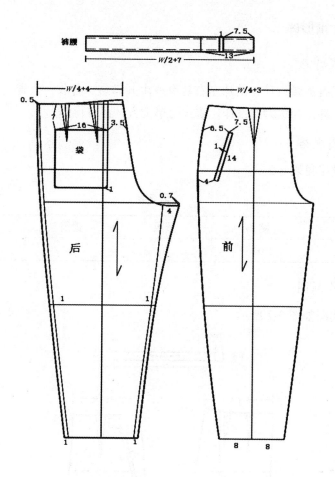

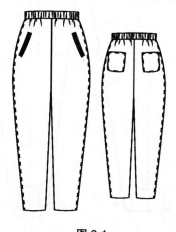

图 3-1

（二）锥形裤二

1. 款式特点

该款式有裤腰设计，前片左右各有一个开口袋，各收一个省，后片左右各收两个省，裤口为踩脚型设计，款式简单大方，穿着得体。

2. 制图规格

制图规格见表 3-2。

表 3-2   cm

号型	裤长	腰围	臀围	腰头
160/68	91	70	94	3

3. 结构制图

结构制图如图 3-2 所示。

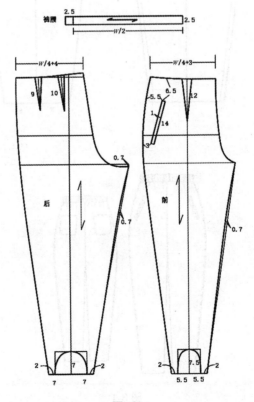

图 3-2

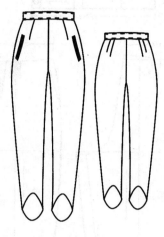

图 3-2 续

（三）锥形裤三

1. 款式特点

该款式裤腰有四个扣袢设计，前片左右各有一个插口袋，腰带、口袋及侧缝采用明线，前片收四个省，后片收两个省，穿着后精致干练。

2. 制图规格

制图规格见表 3-3。

表 3-3   cm

号型	裤长	腰围	臀围	腰头
160/68	91	70	94	3

3. 结构制图

结构制图如图 3-3 所示。

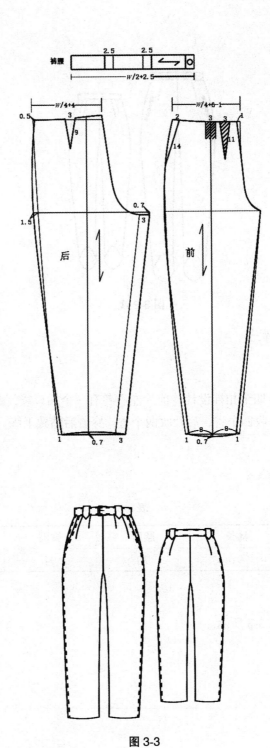

图 3-3

（四）锥形裤四

1. 款式特点

该款式锥形裤腰带设计有五个扣袢，明门襟，前片两个插口袋，后片两个开线口袋，臀部以下竖向分割线，腰带和口袋压明线。

2. 制图规格

制图规格见表3-4。

表 3-4

cm

号型	裤长	腰围	臀围	腰头
160/68	91	70	94	3

3. 结构制图

结构制图如图3-4所示。

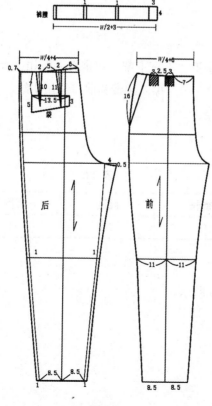

图 3-4

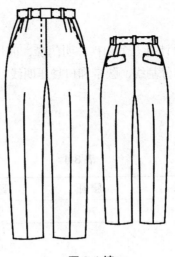

图 3-4 续

（五）锥形裤五

1. 款式特点

锥形裤廓形为 Y 字形，上宽下窄，腰带有一粒扣，六个扣袢，前片两个插口袋，后片两个开口袋，明门襟，腰带和前口袋压明线。

2. 制图规格

制图规格见表 3-5。

表 3-5　　　　　　　　　　　　　　　　　　　cm

号型	裤长	腰围	臀围	腰头
160/68	91	70	94	3

3. 结构制图

结构制图如图 3-5 所示。

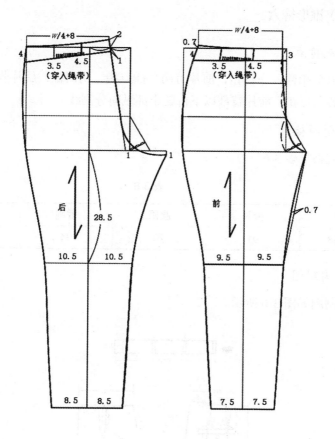

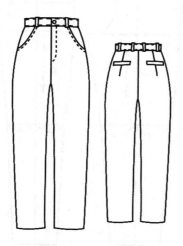

图 3-5

（六）锥形裤六

1. 款式特点

腰带五个扣袢，一粒扣，前片有两个插口袋，明门襟，后片收四个省，左右侧缝各装六粒扣，前片臀部以下裤腿中部纵向分割线。

2. 制图规格

制图规格见表 3-6。

表 3-6   cm

号型	裤长	腰围	臀围	腰头
160/68	91	70	94	3

3. 结构制图

结构制图如图 3-6 所示。

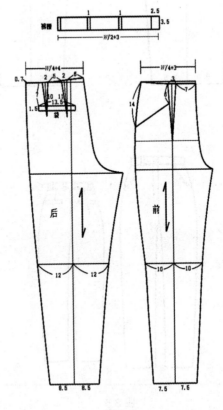

图 3-6

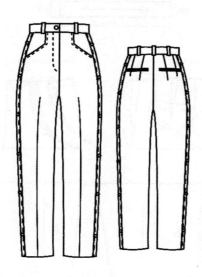

图 3-6 续

（七）锥形裤七

1. 款式特点

该款式腰带设计有一粒扣，明门襟，前片收两个省，后片两个开口袋，收两个省，裤口翻折，腰带和膝盖以上侧缝压明线。

2. 制图规格

制图规格见表 3-7。

表 3-7
cm

号型	裤长	腰围	臀围	腰头
160/68	91	70	94	3

3. 结构制图

结构制图如图 3-7 所示。

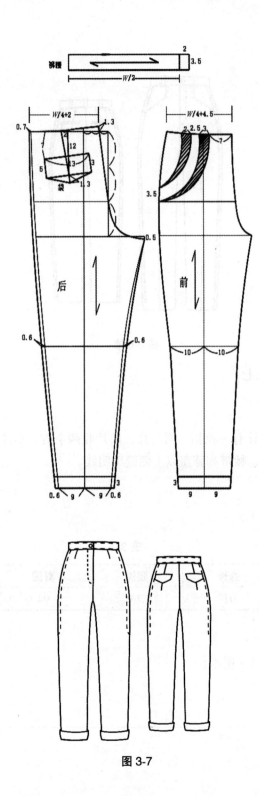

图 3-7

（八）锥形裤八

1. 款式特点

该款式腰带设计有五个扣袢，一粒扣，明门襟，前片两个开口袋，后片右侧一个开口袋，裤腿臀部以下中部为竖向分割线，整体造型简单大方，穿着后得体优雅。

2. 制图规格

制图规格见表3-8。

表 3-8　　　　　　　　　　　　　　　　　　　cm

号型	裤长	腰围	臀围	腰头
160/68	91	70	94	3

3. 结构制图

结构制图如图3-8所示。

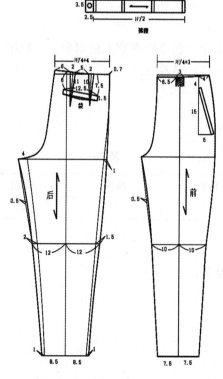

图 3-8

图 3-8 续

（九）锥形裤九

1. 款式特点

该款式廓形上宽下松，腰带中部穿入松紧带，一粒扣，前片左右各有一个 45° 开口袋，裤口压明线，穿着舒适。

2. 制图规格

制图规格见表 3-9。

表 3-9 　　　　　　　　　　　　　　　　　　　　　　　cm

号型	裤长	腰围	臀围	腰头
160/68	91	70	94	3

3. 结构制图

结构制图如图 3-9 所示。

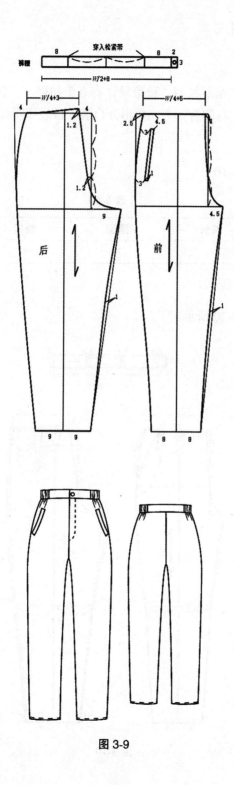

图 3-9

（十）锥形裤十

1. 款式特点

该款式廓形为上宽下松型，腰带设计有五个扣袢，一粒扣，明门襟，前片各两个插口袋，后片右侧为一个三角形开口袋，口袋压明线。

2. 制图规格

制图规格见表3-10。

表3-10   cm

号型	裤长	腰围	臀围	腰头
160/68	91	70	94	3

3. 结构制图

结构制图如图3-10所示。

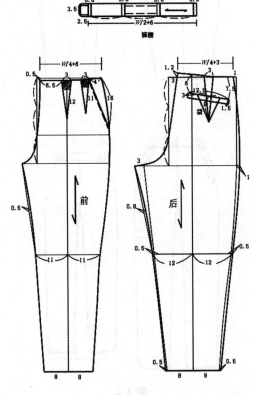

图 3-10

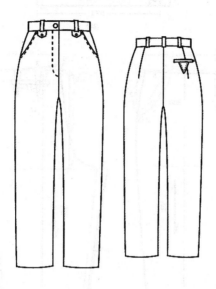

图 3-10 续

（十一）锥形裤十一

1. 款式特点

其款型为上宽下松型，腰部有抽绳设计，一粒扣，后片右侧有一个开口袋，臀部以下裤腿有纵向分割线。

2. 制图规格

制图规格见表 3-11。

表 3-11   cm

号型	裤长	腰围	臀围	腰头
160/68	91	70	94	3

3. 结构制图

结构制图如图 3-11 所示。

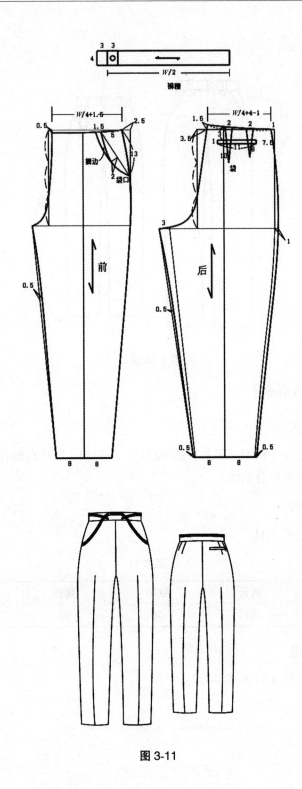

图 3-11

130

（十二）锥形裤十二

1. 款式特点

其裤腰左侧设计一粒扣，前后片左右两侧各收两个省，前片膝盖以下侧缝各六粒扣，裤腰和侧缝压明线，裤口压双层明线。

2. 制图规格

制图规格见表 3-12。

表 3-12
cm

号型	裤长	腰围	臀围	腰头
160/68	91	70	94	3

3. 结构制图

结构制图如图 3-12 所示。

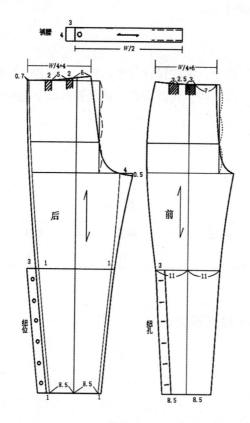

图 3-12

131

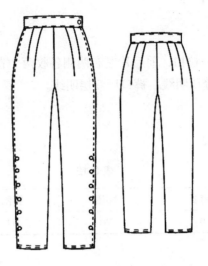

图 3-12 续

（十三）锥形裤十三

1. 款式特点

其廓形为上宽下松型，裤腰设计五个扣袢，一粒扣，压明线。前片两个开口袋，后片右侧一个开口袋，收两个省，裤腿臀部以下内侧弧线开刀打断，压双层明线。

2. 制图规格、

制图规格见表 3-13。

表 3-13   cm

号型	裤长	腰围	臀围	腰头
160/68	91	70	94	3

3. 结构制图

结构制图如图 3-13 所示。

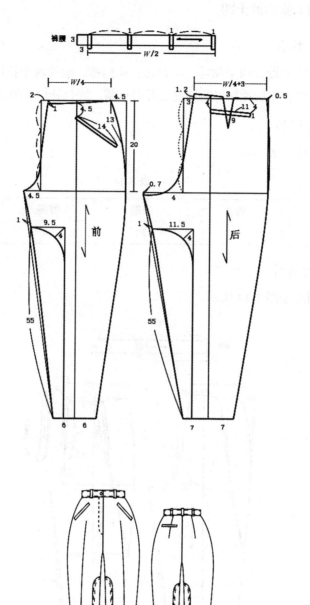

图 3-13

（十四）锥形裤十四

1. 款式特点

该款式腰带设计四个扣袢，一粒扣，明门襟，前片两个拉链开口袋，膝盖处横向分割线，前后片扣袢到侧缝处开刀打断，缝合处均压明线。

2. 制图规格

制图规格见表 3-14。

表 3-14   cm

号型	裤长	腰围	臀围	腰头
160/68	91	70	94	3

3. 结构制图

结构制图如图 3-14 所示。

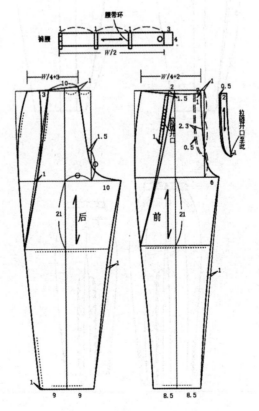

图 3-14

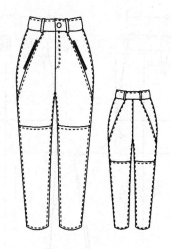

图 3-14 续

（十五）锥形裤十五

1. 款式特点

该款式腰带设计腰带环，后片裤有口袋设计，前片有两个活褶，裤脚两侧缝线处装拉链。

2. 制图规格

制图规格见表 3-15。

表 3-15
cm

号型	裤长	腰围	臀围	腰头
160/68	91	70	94	3

3. 结构制图

结构制图如图 3-15 所示。

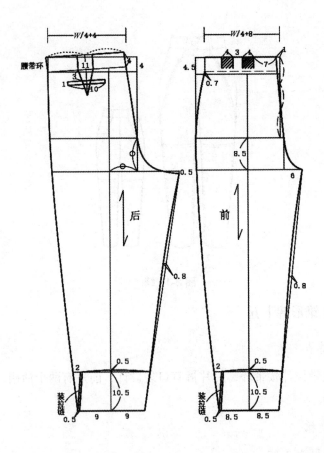

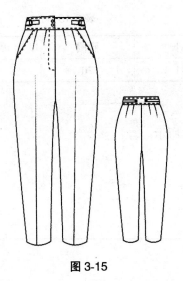

图 3-15

（十六）锥形裤十六

1. 款式特点

该款式裤腰设计有五个扣袢，一粒扣，前后片左右各一个贴口袋，明门襟，左右小腿处侧缝各装两个装饰扣，裤腰和侧缝压明线，门襟压双层明线。

2. 制图规格

制图规格见表 3-16。

表 3-16   cm

号型	裤长	腰围	臀围	腰头
160/68	91	70	94	3

3. 结构制图

结构制图如图 3-16 所示。

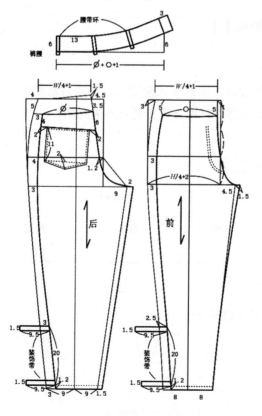

图 3-16

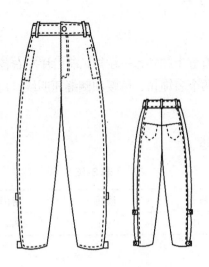

图 3-16 续

（十七）锥形裤十七

1. 款式特点

该款式为高腰设计，腰部穿入松紧带，打造皱褶效果，侧缝两边各有一个插口袋，其为松紧腰部设计使穿着舒适且不失时尚。

2. 制图规格

制图规格见表 3-17。

表 3-17   cm

号型	裤长	腰围	臀围	腰头
160/68	97	70	94	3

3. 结构制图

结构制图如图 3-17 所示。

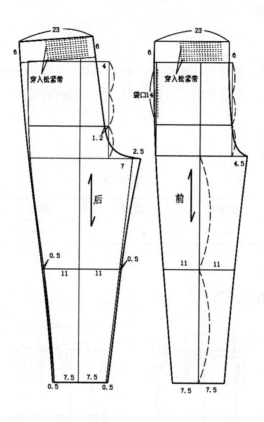

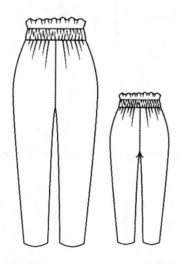

图 3-17

（十八）马裤一

1. 款式特点

马裤上宽下松，裤腰设计两粒扣，收省抽褶，小腿内侧缝装拉链，小腿处横向分割线收小褶。马裤穿着后修饰腿型，使人精神有姿态。

2. 制图规格

制图规格见表 3-18。

表 3-18   cm

号型	裤长	腰围	臀围	腰头
160/68	91	70	94	3

3. 结构制图

结构制图如图 3-18 所示。

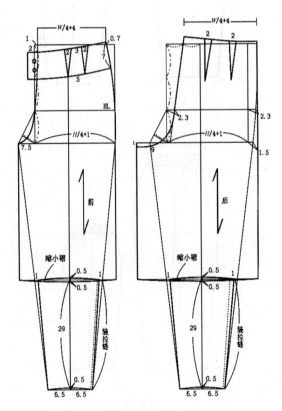

图 3-18

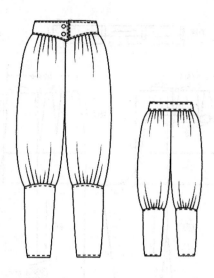

图 3-18 续

（十九）马裤二

1. 款式特点

裤腰设计有五个扣袢，明门襟，后片左右两侧各有一个开口袋，腰部和小腿横向分割线处收省，横向分割线和裤口压明线。

2. 制图规格

制图规格见表 3-19。

表 3-19   cm

号型	裤长	腰围	臀围	腰头
160/68	91	70	94	3

3. 结构制图

结构制图如图 3-19 所示。

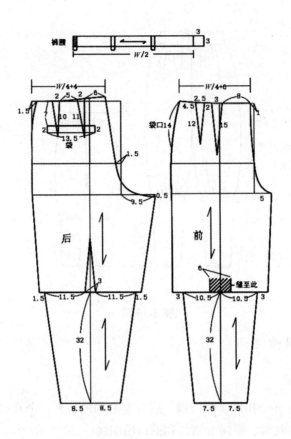

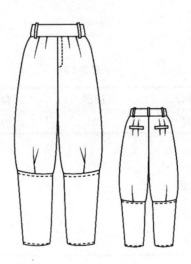

图 3-19

（二十）直筒裤一

1. 款式特点

直筒裤的廓形为 H 型，中档到裤口的宽度一致。裤口尺寸合体，裤腰为齐腰设计，设计有五个扣袢两粒扣，明门襟，前片两个插口袋，后片两个立体翻盖贴口袋，臀部以下裤腿有纵向分割线。

2. 制图规格

制图规格见表 3-20。

表 3-20   cm

号型	裤长	腰围	臀围	腰头
160/68	91	70	94	3

3. 结构制图

结构制图如图 3-20 所示。

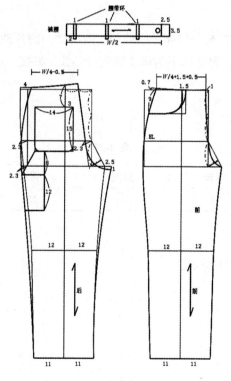

图 3-20

143

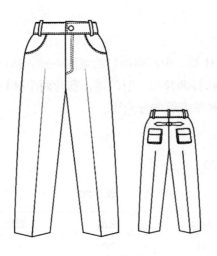

图 3-20 续

（二十一）直筒裤二

1. 款式特点

该款式裤腰设计有五个扣袢，一粒扣，明门襟，前片两个插口袋各一边，后片左右各收一个省，臀部以下为裤腿竖向分割线，裤腰、口袋和门襟他明线。

2. 制图规格

制图规格见表 3-21。

表 3-21 cm

号型	裤长	腰围	臀围	腰头
160/68	91	70	94	3

3. 结构制图

结构制图如图 3-21 所示。

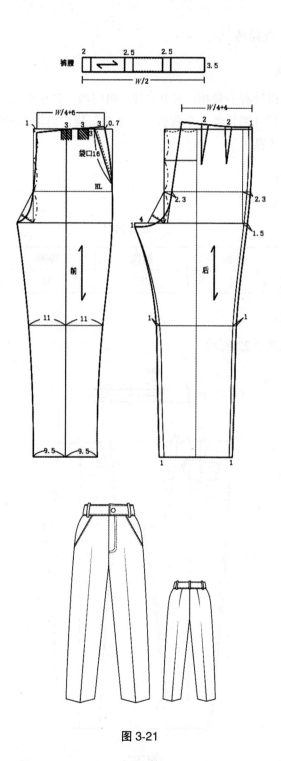

图 3-21

（二十二）直筒裤三

1. 款式特点

该款式裤腰设计有一粒扣，五个扣袢，明门襟，前片左右各有一个插口袋，插口袋压明线，后片两边各一个收省，一个开口袋，前片裤腿竖向分割线，其整体造型简单却优雅。

2. 制图规格

制图规格见表 3-22。

表 3-22   cm

号型	裤长	腰围	臀围	腰头
160/68	91	70	94	3

3. 结构制图

结构制图如图 3-22 所示。

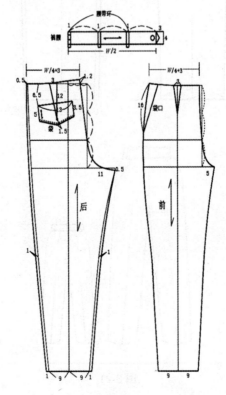

图 3-22

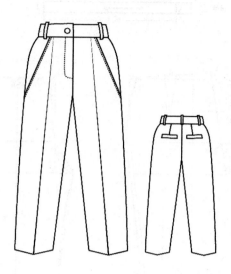

图 3-22 续

（二十三）直筒裤四

1. 款式特点

其裤腰设计简约，一粒扣，前片腰部左右各收两个省，后片各收一个省，着装后宽松舒适。

2. 制图规格

制图规格见表 3-23。

表 3-23
cm

号型	裤长	腰围	臀围	腰头
160/68	91	70	94	3

3. 结构制图

结构制图如图 3-23 所示。

147

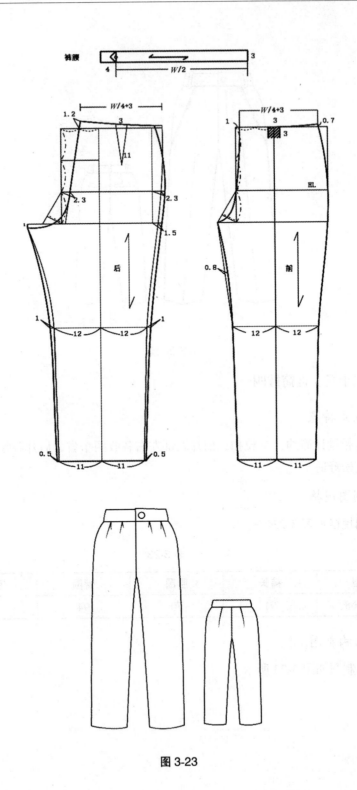

图 3-23

（二十四）直筒裤五

1. 款式特点

该款式裤腰设计有五个扣祥，一粒扣，明门襟，前后片两边各收一个省，臀部以下裤腿有纵向分割线，后片侧缝和裤腰压明线。

2. 制图规格

制图规格见表 3-24。

表 3-24

cm

号型	裤长	腰围	臀围	腰头
160/68	91	70	94	3

3. 结构制图

结构制图如图 3-24 所示。

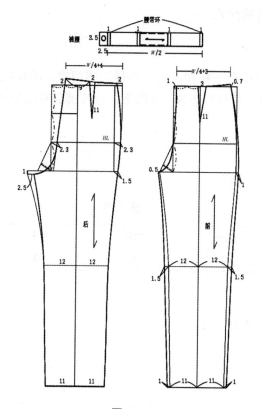

图 3-24

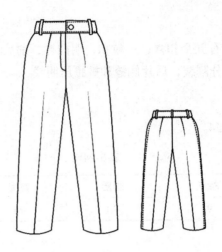

图 3-24 续

（二十五）直筒裤六

1. 款式特点

该款式裤腰设计有一粒扣，两个扣袢，明门襟，前片左右各有一个插口袋，插口袋压明线，后片两边各一个收省，前片裤腿竖向分割线。整体造型简单却优雅。

2. 制图规格

制图规格见表 3-25。

表 3-25   cm

号型	裤长	腰围	臀围	腰头
160/68	91	70	94	3

3. 结构制图

结构制图如图 3-25 所示。

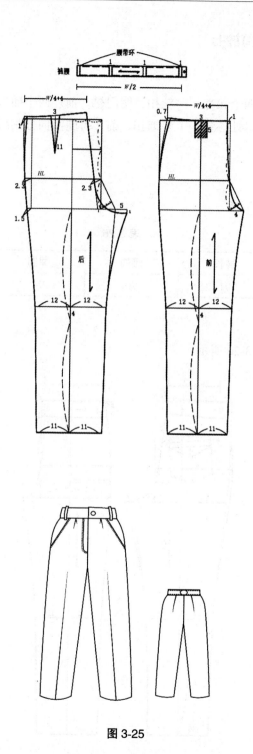

图 3-25

（二十六）直筒裤七

1. 款式特点

其腰带设计有四个扣袢，一粒扣，明门襟，前片两个插口袋，后片两个翻盖贴口袋，后片裤口处各装一个装饰扣，前片裤腿竖向分割线，裤腰和口袋压明线。

2. 制图规格

制图规格见表3-26。

表 3-26 　　　　　　　　　　　　　　　　　　　　　cm

号型	裤长	腰围	臀围	腰头
160/68	91	70	94	3

3. 结构制图

结构制图如图3-26所示。

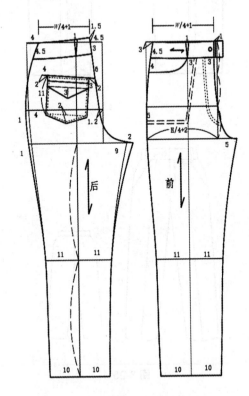

图 3-26

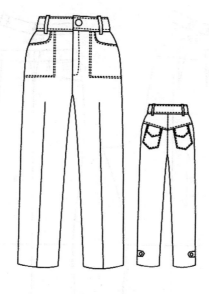

图 3-26 续

（二十七）喇叭型裤一

1. 款式特点

喇叭裤外形为 A 形，中档较瘦，脚口较宽，裤长接近地面，腰部设计了一粒扣，明门襟，前片两边各一个直角插口袋，后片两边各收两个省，裤腿设计有纵向分割线，穿着后修长而飘逸。

2. 制图规格

制图规格见表 3-27。

表 3-27

cm

号型	裤长	腰围	臀围	腰头
160/68	91	70	94	3

3. 结构制图

结构制图如图 3-27 所示。

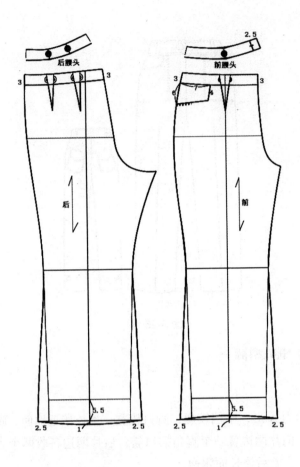

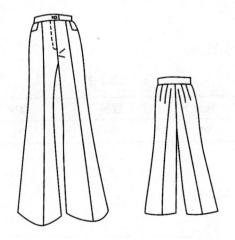

图 3-27

（二十八）喇叭型牛仔裤二

1. 款式特点

喇叭裤外形为 A 形，中档较瘦，脚口较宽，腰部设计一粒扣，两个扣袢，明门襟，前片两边各一个月牙形插口袋，后片两边各一个贴口袋。裤长接近地面，穿着后修长而飘逸。

2. 制图规格

制图规格见表 3-28。

表 3-28

cm

号型	裤长	腰围	臀围	腰头
160/68	91	70	94	3

3. 结构制图

结构制图如图 3-28 所示。

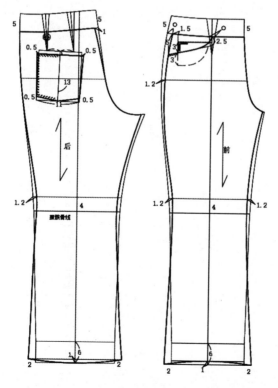

图 3-28

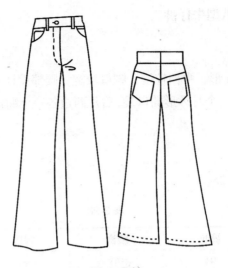

图 3-28 续

第四章 裙、裤装工业样板计算机设计

第一节 计算机在现代服装领域中的应用与发展

日新月异的计算机应用技术已深入我国国民经济特别是工业生产的各个部门。CAD（计算机辅助设计）概念在 20 世纪 70 年代引入服装行业后，已改变了服装业传统手工的生产方法，并一直以惊人的速度发展，为服装界带来可喜的效益，大大提高了工作效率。到目前为止，计算机已应用到服装工业的设计、制造、销售、管理等部门，盖了服装生产的全过程。

一、计算机在服装领域中的应用综述

计算机在服装中的应用主要有计算机辅助服装设计、计算机辅助服装制造、计算机服装企业信息管理、计算机辅助人体测量，计算机辅助服装教学等。

（一）服装工业中应用的服装 CAD 系统

服装 CAD 系统，又名计算机辅助服装设计系统，是一项综合性的，集计算机图形学、数据库、网络通信等计算机及其他领域知识于一体的现代化高新技术，用以实现产品技术开发和工程设计。由于计算机具有运算速度快、信息存贮量大、记忆能力强、可靠性高、能快速反应图形图像等特点，并且人类有较强的想象力、判断力、鉴别力等，使用 CAD 的工作方式时，又利用人机交互手段，充分发挥了人和计算机两方面的优势，大大提高了设计质量和设计效率。服装 CAD 建立在交互式计算机图形学（CG）的基础上，设计师可通过计算机来开发、分析、修改设计，而 ICG 技术可使计算机以图形或符号的形式来处理数据。

服装 CAD 系统由各种软件构成。随着计算机技术迅猛发展，目前服装 CAD 系统专业软件包含有款式设计、结构设计、放码、排料、工艺设计、自动量体和试衣等功能。

该系统由三部分构成：①工作站或微机；②输入设备：键盘，鼠标或光笔，数字化仪，彩色扫描仪，数码相机，相机等；③输出设备：激光打印机、喷墨打印机，平板式或滚筒式绘图仪，大型床系统等。专业教件与各软件构件又相互独立。

第二节　服装工业样板的技术标准

一、服装工业样板概述

（一）服装工业样板的概念

时装的多样化及科技进步，促使成衣工业飞速发展。这种生产方式越来越依赖于系列化成套的服装工业样板。服装工业生产中使用的样板，一般指剪样板和工艺型板两种。剪样板是毛样，用于排料、划样和留存资料；工艺型板大多是净板，用于缝制过程中对衣片和半成品的定位、定形、定量和修正等。本书着重介绍服装工业生产的裁剪样板，服装工业剪样板指规格从小到大的系列化样板，是成衣生产中的重要技术环节，是决定成衣质量的基本保证。系列化样板即推档样板，是指在产品系列中选用中间规格，绘制基磁中间板，然后按一定比例将纸样从一种尺寸转换成另一种尺寸，即以中间样板为基准，向两边扩缩，并且要忠实于原纸样的各线条形态。

（二）服装工业样板的标准内涵

服装工业样板在批量生产中起着使产品标准化和统一规格的作用，因而样板的技术标准是结构设计的继续和补充，完整的样板，不仅要求样板的规格准确、板形合理、线条光滑流杨，还为了便于样板的复核、校对、管理，须在样板上标明各项标记，如产品品名、号型规格样板种类、样板数量、布纹线、对位标记等内容。

二、样板对位标记

样板对位标记是裁剪和成品效果的重要技术内容。样板的对位标记不准确，会使片维不相配，影响成品的质量和规格。对位标记一般打刀眼，刀眼有直形、T形、V形和U形四种，一般用于样板四周边缘，如份、贴边的宽，零部件装配的对位，相关线量合的对位，省、帮、塔克起始与终止位置确认等。

三、样板布纹线的确定

一般当服装的造型和工艺强调随意，自然而有动感效果时，设计时要采用4斜向布线，如绝大多数的斜片；当强调设计造型庄重、要求强度大的服装时要用布料的经向，如大部前后裤片的挺维线都顺着布料经向；对于裤装，当侧维线处于竖直状态或前后片侧维无分时，则使侧维线与布料经向相一致，如睡裤；当裤装的前后线呈直线状态，前后中线又无分割时，则使前后中线与布料经向相一致，如三角裤。

四、样板份的加放

服装工业样板必须完成纸样量份的加放，如果将布料厚薄分为薄、中、厚三类，一般型装的维份为0.8cm，中型为1cm，厚型为1.5cm，同时考虑不同的维型，其加放量应有所区别。

①内做缝，凡维合在内层的维份，一般加放0.7～0.8cm；

②外做缝，凡维合在外层的量份有分开量和包量之分，分开一般加放1cm，包应放1.5cm，遇特殊要求时另定；

③贴边，裙装贴边加放2～4cm；平博口贴边放3～4cm，裤口贴边放6～10cm；

④特殊量指特殊需要的份，如需边的外做应加放1.4cm；西后上端放2.5cm；质地柔软的面料，量份应适当加大等。

然而，在工业样板中缝份的设计应尽可能整齐划一，这样有利于提高产品质量的标准化，同时也有利于提高生产效率。

五、文字说明

文字说明包含产品的品号、号型规格、样板种类、部件名称、样板数量等。

六、服装工业样板复核的内容

作为工业纸样的设计和生产，其必须经过各项指标的复核、校对、确认后才能投入成衣生产。服装工业样板复核，是确保产品质量所采取的有效手段。复核的项目有产品品号，尺寸规格，样板种类，样板数量，布纹线的标注，相关线的长短、形态校对，前后片腰口对接的圆，前后片部的重合状态等，还有份、对位标记等内容。

七、服装工业样板推档的基本方法

常用的样板推档方法如下。

①逐次推档法。该方法是在产品系列中选用中间规格，绘制完整的基础中间样板，以此为基计算每一样板拐点 x、y 二维方向的变量值，进行特征点的位移，迅速一一推出上下各所需样板，适用于缩放样板数较少的场合。

②等分法。其采用最大、最小规格的样板，将其特征点相连等分获得每档样板，适用于放样板数较多的场合。在该方法中当档数是奇数时，可直接将最大和最小档选作基磁档；当档数是偶数时，应加设一最大档为过渡档，再选最大和最小档作基础档，进行等分推档。

③相似法。该方法利用图形的相似性，在决定特征点的位移后，用基础板的曲线作模板完成推档。

八、服装工业样板推档的基本原理

样板推档是在前几章论述的服装总体规格设计，细部规格设计及服装结构设计基础上进行的，从而进行基准线选择，根据服装号型系列标准进行服装总体规格、细部规格跳档值的计算，即通增、减数的计算，再选择上述样板推档方法完成样板推档。

（一）基准线的选择

基准线是指各档样板放缩起始的公其线条。其选择的原则是基准线必是直线或曲率极小的线，应 x、y 方向各选一条，且有利于各档线条的拉开。

（二）跳档值的计算

服装总体规格、细部规格跳值的计算，是将总体格与每点的细部格公式列出，让其系数乘号型系列数。如 5·2 系列女裤，$TL = 0.6G+x$，因为总体高 G 的跳档值是 5cm，则长的跳档值为 $0.6 \times 5 = 3$cm，以此类推。

九、裙、裤装工业样板电脑设计方法

服装工业样板的电脑设计是在服装 CAD 系统中用样片设计系统，在电脑结构设计完成的基础上进行的。该系统将手工推档操作需进行的程序，如基准线选择、跳档值计算等，改为由电自动选择、计算完成，大大简化了手工推档操作过程，减轻了劳动强度，提高了效率，保证了样板的质量和精度。

第三节　裙、裤装工业样板电脑设计范例

一、锥形裤工业样板电脑设计

1. 调用、校对净板结构图

该功能调用已完成的锥形裤结构图文件，通过选用测量，线靠线对合、曲线调整等功能键，校对各相关线的长短和曲线的圆顺，并作修正。

2. 尺寸表的追加补充

在电脑结构设计完成的基础上，单击修改尺寸表图标，追加补充小号 S 规格和大号 L 规格或其他人们所需推档的规格，将修改情况进行文件保存。

3. 放缝边作对位标记

界面回到样片设计系统中，用衣片生成和增减衣片内线图标，依次点亮每一片结构线，生成每一片裙片并分离用加缝边口图标，点亮要加缝边的裙片轮廓，按逆时针方向依次点需要改变缝边宽度的裙片拐点，屏幕上弹出对话框，输入边宽并选择维份角型，完成缝边的加放用点设置图标，依次选中作对位标记的点。

锥形裤 M 规格工业样板图，如图 4-1 所示。

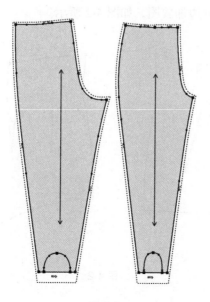

图 4-1

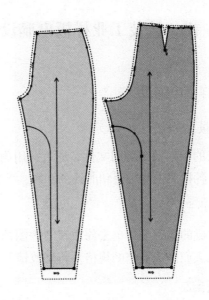

图 4-1 续

4. 净样结构图的推档图

如果人们需要净样结构的推档图，则单击显示全部码号图标，此时屏幕上马上显示出结构图的推档。

二、高腰分割喇叭裙的工业样板电脑设计

高腰分割喇叭裙缝边加放图，如图 4-2 所示。

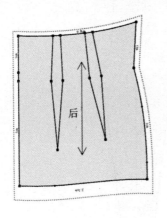
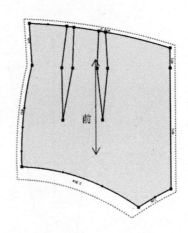

图 4-2

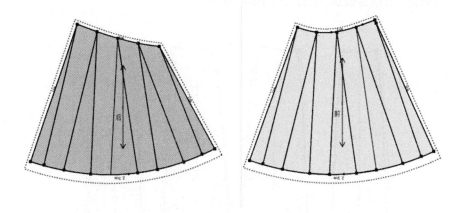

图 4-2 续

三、斜裙的工业样板电脑设计

斜裙缝边加放图，如图 4-3 所示。

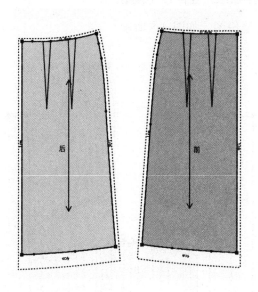

图 4-3

四、六片分割裙的工业样板电脑设计

六边分割裙缝边加放图，如图 4-4 所示。

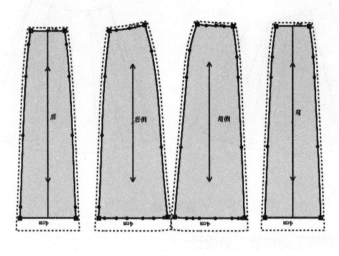

图 4-4

五、普利特褶裙的工业样板电脑设计

普利特褶裙加缝份图，如图 4-5 所示。

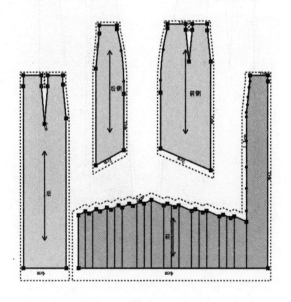

图 4-5

六、直线分割型波形褶裙的工业样板电脑设计

直线分割型波形褶裙的工业样板，如图4-6所示。

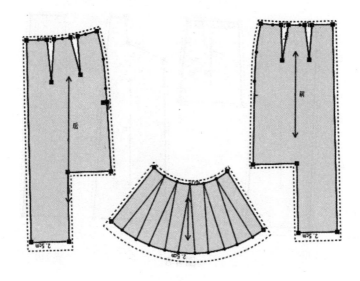

图 4-6

七、竖线分割育克裙的工业样板电脑设计

竖线分割育克裙的加缝份，如图4-7所示。

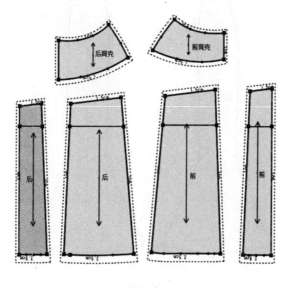

图 4-7

八、分割线缩褶裙的工业样板电脑设计

分割线缩褶裙的加缝份，如图 4-8 所示。

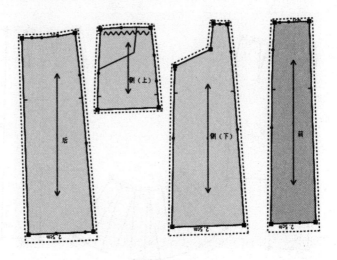

图 4-8

九、多片鱼尾裙的工业样板电脑设计

多片鱼尾裙的加缝份，如图 4-9 所示。

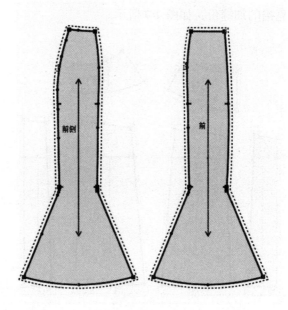

图 4-9

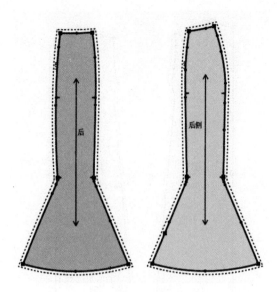

图 4-9 续

十、无袖连衣裙的工业样板电脑设计

无袖连衣裙的加缝份，如图 4-10 所示。

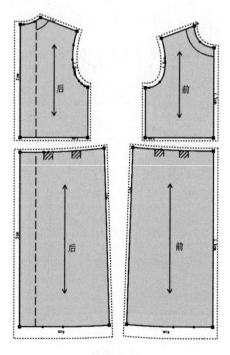

图 4-10

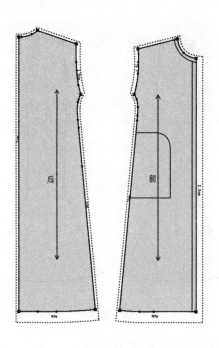

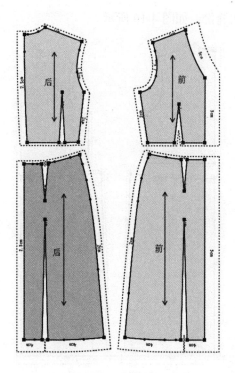

图 4-10 续

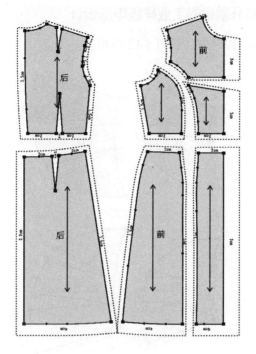

图 4-10 续

十一、A 形层裙的工业样板电脑设计

A 形裙的加缝份，如图 4-11 所示。

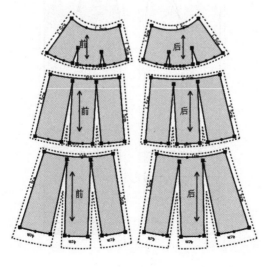

图 4-11

十二、非对称分割裙的工业样板电脑设计

非对称分割裙的加缝份，如图 4-12 所示。

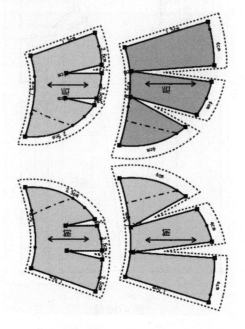

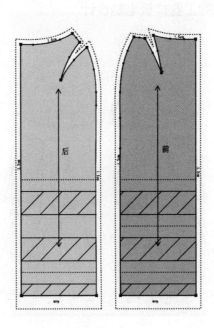

图 4-12

十三、喇叭形裤的工业样板电脑设计

喇叭形裤的工业样板，如图 4-13 所示。

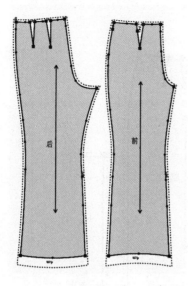

图 4-13

十四、低腰喇叭裤的工业样板电脑设计

低腰喇叭裤的工业样板，如图 4-14 所示。

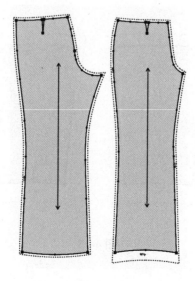

图 4-14

十五、马裤的工业样板电脑设计

马裤的工业样板，如图 4-15 所示。

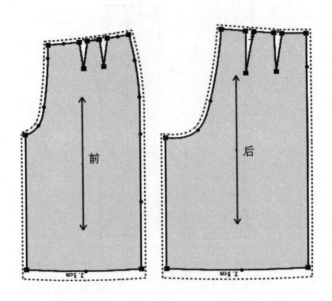

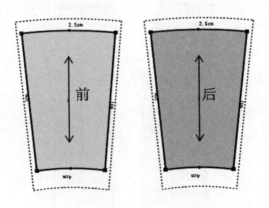

图 4-15

十六、带分割线的锥形裤的工业样板电脑设计

带分割线的锥形裤的工业样板，如图 4-16 所示。

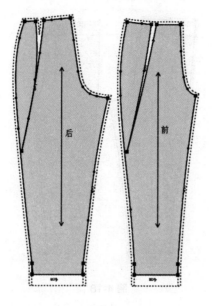

图 4-16

十七、高腰锥形裤的工业样板电脑设计

高腰锥形裤的工业样板，如图 4-17 所示。

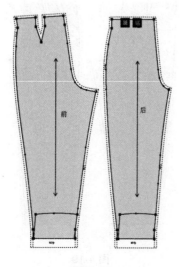

图 4-17

十八、缩褶锥形裤的工业样板电脑设计

缩褶锥形裤的工业样板，如图 4-18 所示。

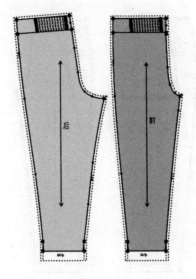

图 4-18

十九、带斜向分割线的锥形裤的工业样板电脑设计

带斜向分割线的锥形裤的工业样板，如图 4-19 所示。

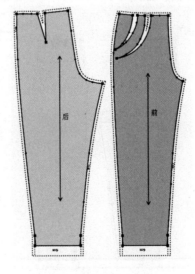

图 4-19

二十、直筒裤的工业样板电脑设计

直筒裤的工业样板，如图4-20所示。

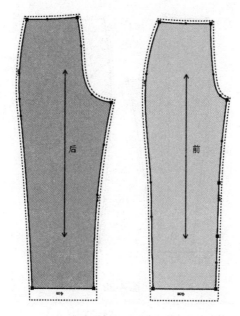

图 4-20

二十一、牛仔马裤的工业样板电脑设计

牛仔马裤的工业样板，如图4-21所示。

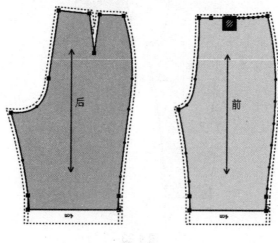

图 4-21

二十二、带分割线的锥形牛仔裤的工业样板电脑设计

带分割线的锥形牛仔裤的工业样板，如图 4-22 所示。

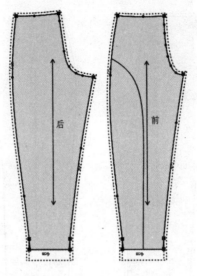

图 4-22

二十三、拼接缩褶锥形裤的工业样板电脑设计

拼接缩褶锥形裤的工业样板，如图 4-23 所示。

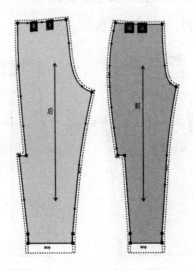

图 4-23

二十四、斜裙的工业样板电脑设计

斜裙的工业样板，如图 4-24 所示。

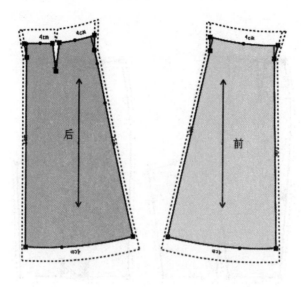

图 4-24

二十五、直筒裙的工业样板电脑设计

直筒裙的工业样板，如图 4-25 所示。

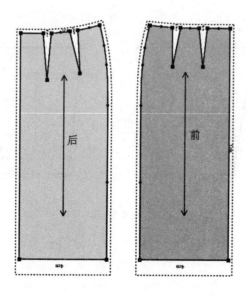

图 4-25

二十六、带分割线的锥形马裤的工业样板电脑设计

带分割线的锥形马裤的工业样板，如图 4-26 所示。

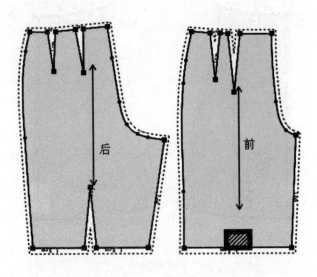

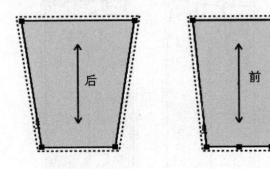

图 4-26

二十七、紧身锥形裤的工业样板电脑设计

紧身锥形裤的工业样，如图 4-27 所示。

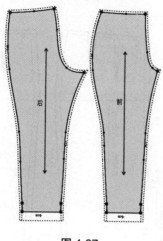

图 4-27

第四节 结构图、样板和工艺配合设计案例

一、对裥裙结构图、样板和工艺配合设计案例

对裥裙结构原理图，如图 4-28 所示。

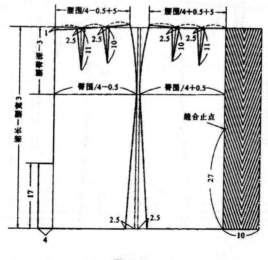

图 4-28

中间号型样板图，如图 4-29 所示。

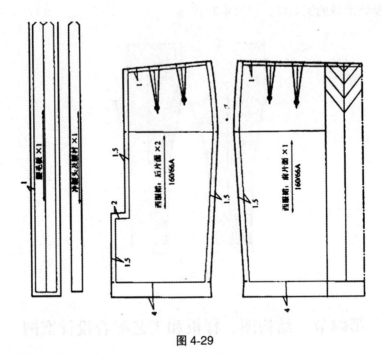

图 4-29

工业放码样版图，如图 4-30 所示。

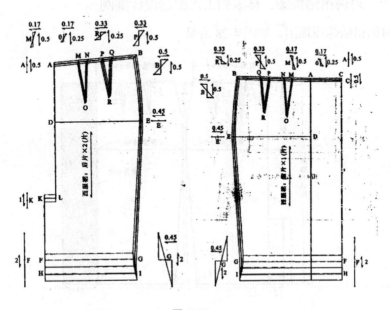

图 4-30

结构与工艺的配合图，如图 4-31 所示。

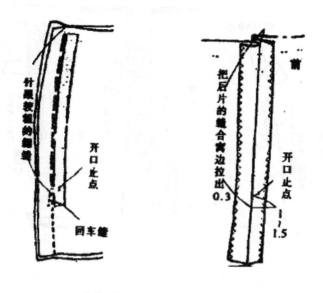

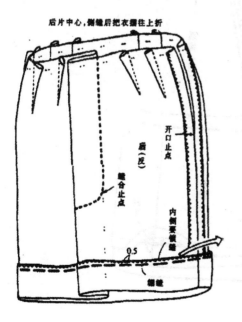

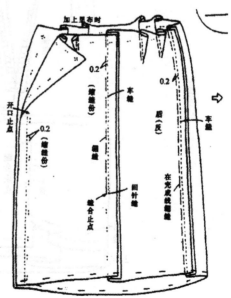

图 4-31

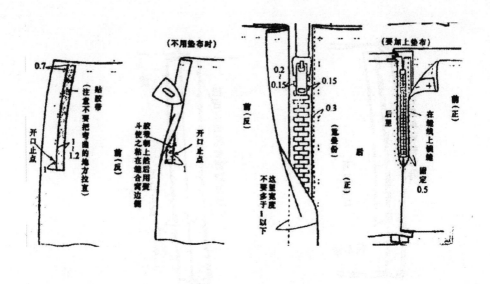

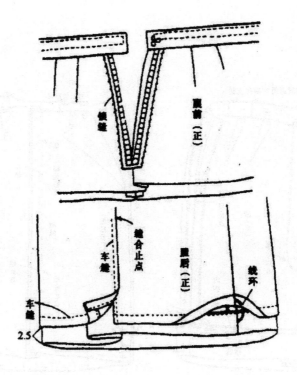

图 4-31 续

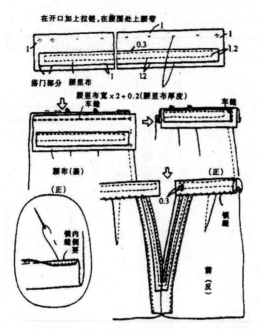

图 4-31 续

　　该款式貌似简单，其结构设计包含了很多经验要领。结构设计应结合工艺制作的要求科学合理的简化工艺，以高效合理地完成整个服装的设制作技术环节。该款式就是通过分析工艺制作流程和分析工艺要领，再进行合理的结构设计。

二、裤装结构与工艺的配合设计

　　裤装结构设计，如图 4-32 所示。

图 4-32

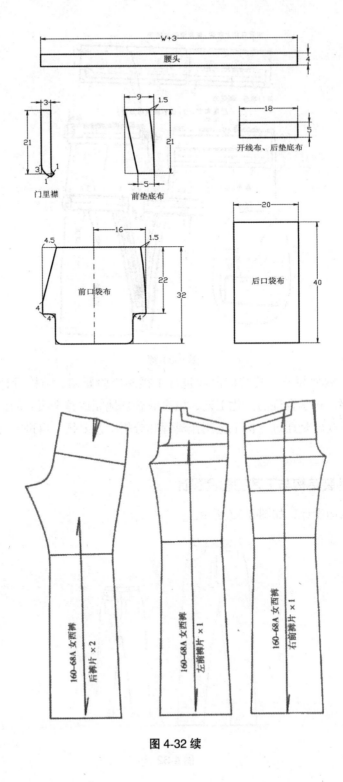

图 4-32 续

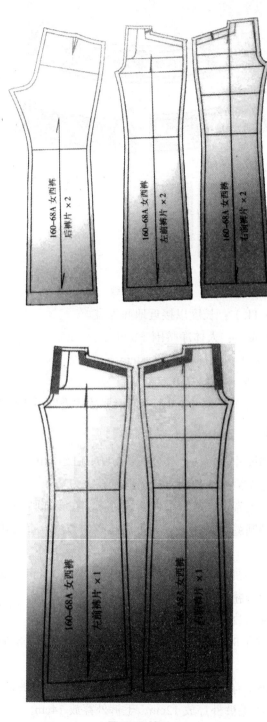

图 4-32 续

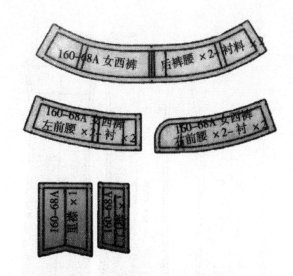

图 4-32 续

①成品裤长（TL）：长度以接近地面为宜。

②成品腰围（W）：人体净腰围 +4cm。

③成品臀围（H）：人体净臀围 +4cm。

④成品上裆（BR）：$0.1H+0.1L+1$。

⑤成品裤口（SB）：定寸 25cm，可根据款式需要适当调整。

3. 制图要点

①牛仔裤上裆尺寸较短，上裆公式：$0.1H+0.1L+7cm$。

②牛仔裤前片无褶裥，故前上裆缝劈量较大为 2cm。

③牛仔裤后片无省道，故设横向断缝拼接，在腰部画一个 1cm 的省，通过转省将省量转移到断缝结构中去。若不用转省的方法，直接在断缝结构中画出省量也是可以的。

④斜线斜度应该加大，在等分的基础上偏一个 0.5cm。由于后裆斜线斜度加大，后裆斜线的起翘量也应该加大，取 2.5cm。

⑤腰围和臀围的放量设计如下。

腰围：不系皮带时不放，单穿放 2cm，棉毛裤外穿放 3cm，毛裤外穿放 4cm。

臀围：女西裤单穿放 8cm，棉毛裤外穿放 10cm，毛裤外穿放 12cm；男西裤单穿放 10cm，棉毛裤外穿放 12cm，毛裤外穿放 14cm。

⑥褶和省的设计：前片褶或省，有一个的，有两个的，也有三个的，主要

看臀腰差，臀腰差越大褶或省就要设的越多，一般臀腰差在 24 ~ 30cm 时设两个省；在 16 ~ 24cm 时设一个省；在 30cm 以上时设三个省。

后片省：男西裤由于有后口袋，省可设计成一样长，也可设计成不一样长；而女西裤后片两个省是不一样长的，靠外侧缝的省要短一些。长省的作用是调节腰围和臀围的差数，保证围度由大向小过渡时平稳圆滑；短省的作用是调节腰围的围度和侧缝线的弧度。两个省的长短还受立裆长短的影响，立裆较长，省就较长。

⑦后裆斜线的设计方法如下。

a. 等分法；

b. 比例法；

c. 公式法。

其中比例法中的比例是可微调的，如 15 ∶ 3 可调为 15 ∶ 4。

⑧后裆斜线起翘量的设计：后裆斜线起翘量一般为 2 ~ 2.5cm，它的大小与后裆斜线的倾斜度有关，后裆斜线的倾斜度越大，起翘量就越大；反之，则越小。

⑨前裆缝和前侧缝劈量的设计如下。

前裤片臀腰差是靠收褶或打省，还有前裆缝和前侧缝劈量来消除的。前裆缝劈量并不是一成不变的，它是根据褶或省的多少而改变的。褶或省越少，劈量就越多。一个褶（省）时，前裆缝劈量为 1 ~ 1.5cm；无褶（省）时，前裆缝劈量为 1.5 ~ 2.5cm。前侧缝劈量并不单独设计，而是根据前裆缝劈量和前腰围直接定出。

第五章　立体裁剪结构设计方法案例欣赏与研究

第一节　立体裁剪结构设计方法特点分析

一、立体裁剪概述

服装立体裁剪又称服装结构立体构成，是设计和制作服装纸样的重要方法之一。其操作过程是先将布料或纸张覆盖于人体模型或人体上，通过分割、折叠、抽缩、拉展等技术手法制成预先构思好的服装造型，再按服装结构线形状对布料或纸张进行剪切，最后将剪切后的布料或纸张展平放在纸样用纸上制成正式的服装纸样。这一过程既是按服装设计稿具体剪切纸样的技术过程，又包含了从美学观点具体审视构思服装结构的设计过程。顾名思义，立体裁剪主要是采用立体造型分析的方法来确定服装衣片的结构形状，完成服装款式的纸样设计。具体来说，立体裁剪就是以立体的操作方法为主，直接用布料在人台或人体上进行服装款式的造型，边裁边做，直观地完成服装结构设计的种裁剪方法。它的重要性在于，其既能看到立体形象，又能感到美的平衡，均量长短，还能掌握使用面料的特性。

立体裁剪造型能力非常强，并且十分直观，在裁剪的同时就能看到成型效果，因此结构造型设计也就更准确，更易于满足随心所欲的服装款式变化要求。掌握立体裁剪的操作方法和操作技巧，对服装设计师来说，不仅又多了一条实现自己绝妙构思的快捷思路，而且还非常有助于启发灵感，大大开阔了设计思路途径，而结构设计师掌握立体裁剪技术后，不仅多了一种服装结构设计的方法，而且其可以通过立体裁剪实践，更加深刻地理解平面裁剪的技术原理，增强自己的裁剪技术本领。

二、立体裁剪的特点

立体裁剪在一些时装业发达的国家一直被广泛地运用着。随着我国服装业的迅速发展，它也必然会被我国服装专业人士和服装爱好者所认识并运用，这主要是因为立体裁剪有着如下许多独特的特点。

1. 立体裁剪造型直观、准确

造型直观、准确是立体裁剪最明显的特点。因为立体裁剪是用布料在人体或人台上直接立体模拟造型的，它可以使人直观地看到服装的成型效果，所以也就使人比较容易准确地完成已确定款式的服装结构设计。平面裁剪靠的是经验，在处理一些我们经验不足、把握不准的服装结构时，立体裁剪具有很大的优势。

2. 立体裁剪造型快捷、随意

在进行一些立体效果较强、有创意的服装结构设计时，立体裁剪造型快捷、随意的特点体现得淋漓尽致。人们以平面裁剪方法处理一些有褶裥、垂荡等造型变化的服装款例时，往往只能采用剪切拉展的方法，剪切拉展的剪切线位置及拉展量都只能靠设计师大致的估计，因此其虽然经过反复操作，服装的成型效果有时还是不能尽如人意。这时，若设计师采用立体裁剪的方法来处理，就可以根据款式要求随意进行造型的处理，非常快捷地完成看似繁杂的款式。

3. 立体裁剪简单易学

立体裁剪是一门以实践操作为主的技术，没有太多的理论，也不需复杂的计算，甚至不需人们有任何的服装裁剪经验，就可以在较短的时间内掌握它的操作方法和操作技巧，裁制出既有新意又舒适合体的服装。因此，立体裁剪不仅被服装专业人士所青睐，而且吸引了大量的服装爱好者。

第二节　立体裁剪结构设计方法技术要求

一、立裁方法要求

其制作要求如下。

①大头针针尖排列有序，间距均匀，针尖方向一致，针脚小，针尖方向一致；手针缝制针距均匀，手针方法恰当，缝合线迹的技术处理合理，标记点交代清楚。

②缝份倒向合理，缝子平整；毛边处理光净整齐、方法准确、无露毛现象。

③布料纱向正确，符合结构和款式风格造型要求。

④腰线位置正确，钉扣位置、标示准确。

二、纸样设计要求

①立体裁剪应与款式图的造型要求相符；拓纸样要准确，缝份设计合理。

②纸样规格尺寸符合命题所提供的规格尺寸与款式图的造型要求。

③制图符号标注准确，包括各部位对位标记、纱向标记、褶裥符号、归拔符号等。

④正确表现领口与袖窿的造型关系及胸褶量的大小和均衡。

⑤衣身与贴边内外关系正确，样板无遗漏。

⑥立体裁剪成立的关键依据是，其是围绕着人体曲线进行设计的。例如，颈部前倾、胸部突出、臀部鼓翘，这是众多女性追求的理想 S 形身材。然而除了优美的 S 形曲线外，人体中还有数不尽的优美弧线。

人体中的弧线是身体弧面的组成线，善于发现优美的、不寻常的弧线是服装创意立体裁剪的关键所在。围绕人体的弧面结合线可以得出无数的服装造型。服装设计弧线是关键，弧线以上的造型可以自由想象与变化。有些立体造型需要人们反复寻找、探索可支撑的弧线，这是一个有趣的试验过程。造型运用合适的人体弧线进行支撑，使服装无论从正面、左右侧面、背面看，都可得到造型优美、顺畅、立体的视觉效果。服装的制作难点在于寻找支撑弧线，弧线若想做到比例优美，位置准确，就必须经过反复的试验与微调。不同位置、角度的弧线，可能上下、左右位置差距只有分毫，但对于造型撑起的立体程度则会产生不同的效果。使用该方法设计的衣服，如图 5-1 所示。

图 5-1

第三节　立体裁剪结构设计方法案例分析与欣赏

　　裙子造型的重要出发点是理解下肢的形态和机能。为使裙子做得符合女性体型，穿着感觉良好，人们必须明确把握裙子的构成原理，绘制合理的纸样，这是制作优美造型的基本条件之一。

　　为了理解裙子的构造原理，设计师一般会用纸（缝纫用纸）包裹在人台的臀部，水平围绕，使其成筒状来进行说明。成筒状后，腰围周边有空隙。从图5-2中人体的横截面重合图人们可看出，腰围尺寸和臀围尺寸存在差值，为使裙子合体，这部分空间的量应收去，捏出多余的量，即为省道。这个捏出的量，臀腰差越大，它也越大；相反，臀腰差越小，省道量也越小。从图5-2中我们可看出，A点为人体的中心轴线，以A为基点，作放射线，观察各部分空间：后面的臀部和侧面的空间大，腹部中心的空间最小，腰骨前侧部分比腹部中心空间大。根据这一构造形态，空间狭小的部分省量小，空间大的部分省量大，这是能理解的，即省量是据这个比率将多余部分捏掉而构成的。

　　确定裙子省尖位置虽然有两种方法（一是与人体完全吻合，二是自然地过渡成外凸状），但裙子的省以后者为好，即不与人体完全吻合，留有适当的空隙，不强调体型而得到理想的省尖位，这一点很重要。

　　省的长度是据省量大小来决定的。从图5-2我们可看出，前片省道量小于后片省道量，后片省道长且省道的止点位置也发生了微妙的变化。

　　裙子的功能性。裙子结构必须考虑轮廓，根据裙长设计裙摆围度。图5-3表示的是步行时的步幅大小。裙长越长，裙摆尺寸必须越大。设想紧身裙（直身轮廓）的情况：裙长超过膝盖，裙长越长，伴随人体动作裙摆量就越显不足。这个不足的量，可通过开衩、折裥等来弥补。波浪裙则可将省道变为下摆的波浪量，该波浪量便于运动，问题也就解决了。

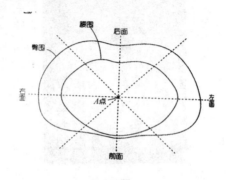

图 5-2

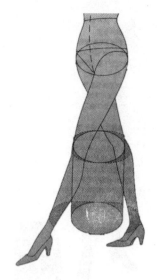

图 5-3

裙长、裙衩、开口等位置，必须根据膝盖位置来定，并充分考虑运动功能性，并且流行的影响也很重要。

一、紧身裙

紧身裙是指从腰到臀是合体的，然后就那样往下直身轮廓的裙子，其也被称为直身裙。根据臀腰差，其可设置 4 个（前面 2 个，后面 2 个）省道的结构形式。省道的数量位置、省量及长短则据体型而变化，特别是省道的位置、覆盖人体的曲面部位、裙子的立体形状等，这些都是裙子结构的要点，必须要得到适宜的省位。

紧身裙最理想的轮廓是既将前面腹部稍凸、腰骨凸出、后面臀部突出等轻轻地包住，又将布自然地放下来，侧缝线则从腰围线开始垂直地往下。侧缝线位置的设定有以下几种观点。

①半身腰围尺寸的二等分处垂直往下。

②半臀围尺寸的二等分处垂直往上。

③半臀围尺寸和半腰围尺寸的二等分位置设置前后差，侧缝线往后移。设定的目标基准是从侧面看达到平衡获得符合体型的优美的侧缝线位置。

紧身裙作为裙子的基本形，应用它可变化出各种各样轮廓的裙子。

①六省紧身裙。

六省紧身裙，如图 5-4 所示。

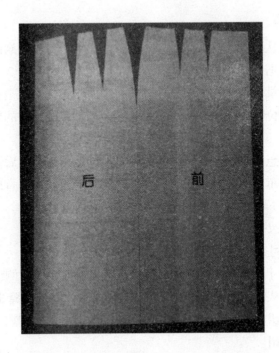

图 5-4

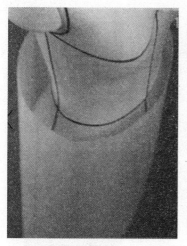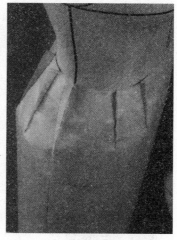

图 5-4 续

②四省紧身裙。

四省紧身裙，如图 5-5 所示。

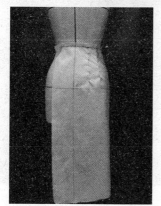

图 5-5

图 5-5 续

二、环浪褶式裙

环浪褶的立裁设计要领和方法，如图 5-6 所示。

图 5-6

其造型方式一，如图 5-7 所示。

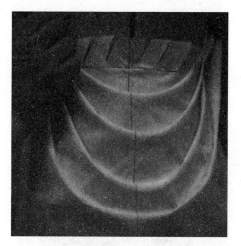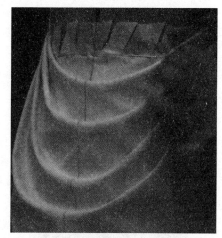

图 5-7

其造型方式二，如图 5-8 所示。

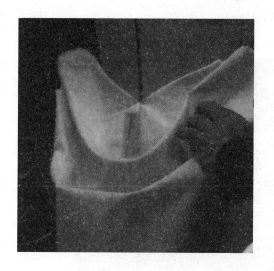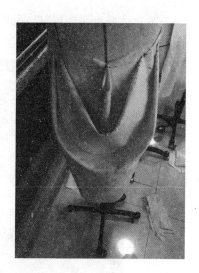

图 5-8

其点影方式，如图 5-9 所示。

图 5-9

其立体造型平面展开，如图 5-10 所示。

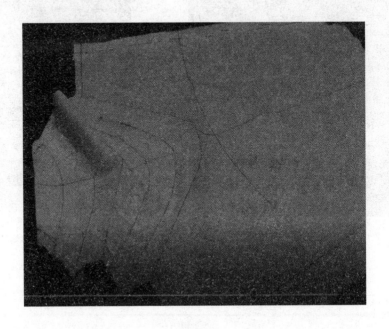

图 5-10

三、波浪褶式裙

波浪褶的立裁设计要领和方法，如图 5-11 所示。

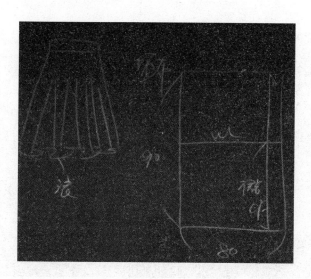

图 5-11

其实物造型，如图 5-12 所示。

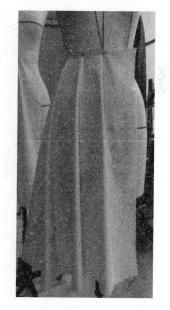

图 5-12

四、垂浪褶式裙

垂浪褶的立裁设计要领和方法，如图 5-13 所示。

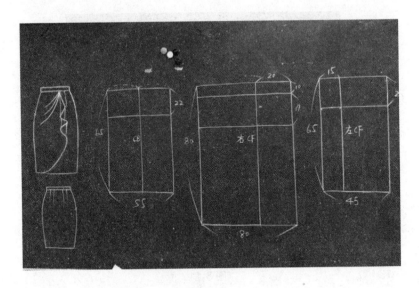

图 5-13

其实物造型，如图 5-14 所示。

图 5-14

五、腰分割铅笔省碎褶裙

腰分割铅笔省碎褶裙的立裁要领和方法及实物造型，如图 5-15 所示。

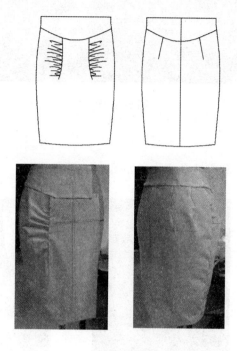

图 5-15

六、三角腰礼服裙

三角腰礼服裙立裁要领和方法及实物与展开图，如图 5-16 所示。

图 5-16

图 5-16 续

七、哈伦裤

哈伦裤立裁要领和方法及实物，如图 5-17 所示。

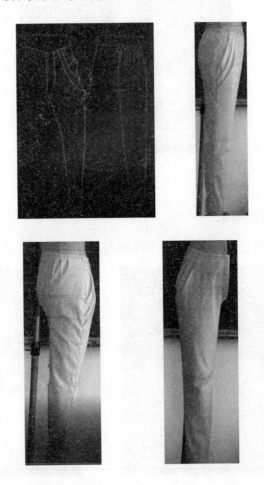

图 5-17

八、裤原型

裤原型，如图 5-18 所示。

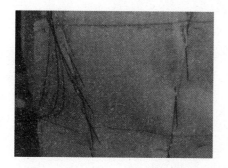 

图 5-18

第六章 结构设计方法推广及参考分析

第一节 下装结构设计方法推广基础分析

服装结构设计是研究服装结构的内在原理和服装各部件之间相互配合关系，包括服装功能与装饰的设计，分解与构成的规律和方法等内容的学科。整个服装工程一般是由款式造型设计、结构设计、工艺设计三部分组成，下装结构设计作为服装工程的重要组成部分，既是款式造型设计的延伸和发展，又是工艺设计的准备和基础，起到承上启下的作用。下装结构设计是艺术和技术相互融合的一门学科，其在学科门类中属生活科学，是与生产实践有密切联系的实用性学科，与其他课程相比它更需强调科学性与实用性相统一。由于设计方法具有很强的技术性，人们必须通过一定的实践才能得到深入理解和牢固掌握，因此必须加强实践环节，提高人们的实际操作能力。

服装结构设计其一方面将造型设计所确定的立体形态的服装廓体造型和细部造型分解成平面的衣片，揭示出服装细部的形状、数量、吻合关系，整体与细部的组合关系，修正造型设计图中的不可分解部分，改正费工费料的不合理的结构关系，从而使服装造型臻于合理完美；另一方面结构设计又为缝制加工提供了成套的规格齐全、结构合理的系列样板，为部件的吻合和各层材料的形态配伍提供了必要参考，有利于人们制作出能充分体现设计风格的服装，其在整个课程体系中起到承上启下的作用。服装结构设计的理论和实践是服装设计的重要组成部分，其知识结构涉及人体解剖学、人体测量学、人体工程学、服装卫生学、服装设计学、服装工艺学、美学和数学等。

下装结构设计旨在使人们能系统地掌握服装结构的内在原理和关系，包括整体与部件结构的解析方法、相关结构线的吻合、整体结构的平衡、平面与立体构成的各种设计方法、工业用系列样板的制定等基本方法，使人们通过上述理论学习和动手能力的基本训练，掌握基础纸样的制作方法和在各类款式的结构设计中的应用；培养审视服装效果图的结构组成、各部位比例关系和具体尺寸及分辨结构可分解性的能力，培养具有从款式造型到纸样的结构设计能力。学习结构设计要求人们深入理解服装结构与人体曲面的关系，掌握服装适合人体曲面的各种结构处理方法，通过对人体曲面的了解，要正确设计出各部位的省道并且掌握省道的转换原理。掌握基础制图原理和各类款式的结构设计应用。重点是服装结构的生成原理和变化方法，善于采用省、分割和褶裥的手段来产生各种造型的结构制图方法。该方法通过审视服装效果图的结构组成，根据各部位比例关系和具体尺寸分辨结构可分解性，得出款式平面图和实用的规格尺寸，再根据款式平面图和尺寸表绘制出结构设计图的结构设计。

服装结构发展到现在的阶段，和其他学科一样有一个漫长的发展过程，这个过程从人类用兽皮遮体、护体和取暖而形成最原始的衣服雏形，到将兽皮分割成不同形状的皮片，用骨针缝制成兽皮衣服，再到人类懂得用植物纤维纺线和织成布帛，出现了用布帛制成的宽松的披挂式和围身形服装，这才有了服装结构设计学科的萌芽。披挂式服装多为宽大的束腰款式，在结构上从属于将人体简化为可展曲面的平面结构类，在具体构成手法上开始形成简单的粗线条的平面构成和将布帛覆合在人体上进行剪切的立体构成。欧洲人发明了名为豪佩兰德的紧身裤及名为布利奥的紧身胸衣，服装才开始趋向贴体、合身，其裁剪技术也发展到将人体体表视作不可展曲面的立体构成阶段。17世纪以后，服装结构制图由简单地依靠经验进入数学推理的规范化阶段。1589年出现了世界上第一本记载服装结构制图公式与排料图的书籍，它就是在西班牙马德里出版的由贾·德·奥斯加所著的《纸样裁剪》。随着英国发明的带形软尺为人体测量提供了方便的工具，欧洲开始推广以胸寸法为基础的比例制图方法。德国的数学家亨利·乌本在1834年于汉堡首次出版了单独阐明比例制图法原理的教科书，奠定了比例制图合理、科学、规范化的基础。1871年《绅士服装的数学比例和结构模型指南》一书在英国伦敦出版，该书进一步奠定了服装结构制图的科学性，从而最终将服装结构设计纳入了近代科学技术的轨道。

我国传统的结构设计基本上是按平面结构形式进行的，从19世纪末开始我国逐渐形成了西式裁剪技术这一概念。近百年来，中国的服装工作者对西方裁剪技术经历了引进、吸收、消化、改进、提高的过程，形成了符合中国国情的分配比例形式的结构制图方法。20 世纪 70 年代末，随着服装作为一种专业而被纳入高等教育的轨道，并且已成为高校服装专业的必修课程，它的知识结构得到了充实，理论和实践的严密性与合理性得到了深化。进入 20 世纪 80 年代后，随着计算机技术的发展，服装工业技术也随之得到迅速的发展，如人体体型数据采集、纸样设计、样板缩放、排料等都采用了省工省时、效率高的先进设备。非接触式三维人体计测装置、计算机辅助服装款式造型设计系统、二维和三维的纸样设计系统、自动排料系统、自动裁床等新技术与新设备的采用，使得服装科技得到迅猛发展。从理论和实践都大大地丰富了课程的知识结构，这同时反过来又对本课程的内容提出了更加严谨、规范、科学的要求，以体现当代服装设计的科技水平。

第二节　结构设计综合参考分析

结构设计就是对服装效果图或服装实物进行平面展开的结构分割设计，用基础线和辅助线绘制结构原理图，再用轮廓线绘制成主件与部件图，然后进行打板、推板，制作纸型、样板，为排料裁剪及缝制提供技术依据的整个过程，其中涉及多个环节，要理解和顺利完成这些环节，必须有一个统一规范的概念和沟通术语，因此人们除应该掌握服装的结构原理及款型变化的知识外，还应了解有关制图方面的概念、专业术语等基础知识。其相关概念如下。

①服装结构设计：服装结构设计是研究服装结构的内涵和服装各部件的相互关系，包括服装装饰与功能的设计，分解与构成的规律与方法等内容的课程。

②服装结构：它是指服装各部位的组合关系，包括服装的整体与局部的组合关系，还有各部位外部轮廓线之间的组合关系，部位内部的结构线及各层服装构材料之间的组合关系，服装结构是由服装的造型和功能所决定。

③结构平面原理图：它是人们对服装效果图或服装实物的各部位和部件关系进行分析，从而绘制出来的能表达服装设计意图和结构关系的平面图。

④结构制图：其是对服装结构进行分析计算，在纸张上绘制出服装结构线的过程。

⑤其他图示。

a. 款式平面图：其为表达款式造型及各部位相互关系要求而绘制的平面图，一般是不涂颜色的单线墨稿画，其要求各部位成比例且各部位及部件相互关系准确，造型表达准确，结构特征具体。

b. 效果图：效果图即人体着装图，是设计者为表达体现服装最终穿着效果的一种绘图形式，其一般要着重体现款式线条及造型风格，可用墨稿也可着色，主要作为直观展示的用途。

c. 局部示意图：它是为表达某部位的结构组成，加工时的缝合形态、缝合类型，还有成型外部和内部形态等而制定的一种解释图，在设计、加工部门之间起沟通和衔接作用，有展示图和分解图两种。展示图表示服装某部位的展开示意图，通常指外部形态的示意图；分解图表示服装某部位的各部件内外结构关系的示意图，通常作为缝纫加工时使用的部件示意图，如阳裥，单裥。

⑥各种线条。

a. 轮廓线：它是构成服装成型服装或部件的外部造型的线条，如底边线、烫迹线等。

b. 结构线：它是能引起服装造型变化的服装部件外部和内部缝合线的总称，如止口线、领窝线、袖窿线、袖山弧线、腰缝线、上裆线、底边线、省道、褶裥线等。

c. 基础线：基础线是结构制图过程中使用的纵向和横向的基础线条。上衣常用的横向基础线有基本线、衣长线、落肩线、胸围线、袖窿深线等线条；纵向基础线有止口直线、搭门直线、撇门线等。下装常用的横向基础线有基本线、裤长线、横裆线等；纵向基础线有侧缝直线、前裆直线、前裆内撇线等。

d. 标注线：标注线是用于标注尺寸的引线，可用直线、弧线和折线。

⑦结构设计种类。

a. 平面结构设计：平面结构设计亦称平面裁剪，分析设计图所表现的服装造型结构组成的数量、形态吻合关系等，其通过结构制图和某些直观的试验方法，将整体结构分解成基本部件。它是最常用的结构构成方法，是指分析设计图所表现的服装造型的结构组成的数量、形态吻合等关系，通过结构制图和某些直观的试验方法将整体结构分解成基本部件的平面设计过程。

b. 立体结构设计：立体结构设计是相对平面结构设计而言的，亦称立体裁剪。它是将布料覆盖在人体或人体模型上进行剪切，直接将整体结构分解成基本部件的设计过程；常用于款式复杂或悬垂性强的面料服装结构，是指分析设计图所表现的服装造型结构组成的数量、形态吻合等关系。

⑧常见的平面结构设计方法如下。

a. 比例分配法。

b. 定寸法。

c. 胸度式分解法。

d. D 式结构分解法。

e. 原型结构分解法。

f. 基本样板结构分解法。

g. 综合结构分解法等。

参考文献

[1] 张向辉，于晓坤. 女装结构设计（上）：制板基础·裙装·裤装 [M]. 3 版. 上海：东华大学出版社，2018.

[2] 刘瑞璞. 服装纸样设计原理与应用（女装编）[M]. 北京：中国纺织出版社. 2008.

[3] 宋金英. 裙 / 裤装结构设计与纸样 [M]. 2 版. 上海：东华大学出版社，2016.

[4] 陈明艳. 裤子结构设计与纸样 [M]. 2 版. 上海：东华大学出版社，2012.

[5] 徐雅琴，刘国伟，钟华东. 裙装结构设计 [M]. 北京：中国纺织出版社，2014.

[6] 中泽愈. 人体与服装 [M]. 袁观洛，译. 北京：中国纺织出版社，2000.

后　记

　　比例式裁剪法在我国服装界应用多年，尽管它有量体简捷、制图方便的特点，但是也存在着一些弊病，如制图比例结构对体型的局限，袖窿与袖子结构的相配误差。

　　本书通过对数百例各种体型人体比及服装结构的反复研究、验证，根据不同体型的人体比，从理论上对我国比例式裁剪法的科学性进行了论证，而且对其存在的一些问题做了改进和完善。人们通过本书对人体比例与服装结构关系的论证结果，在掌握服装结构定位原理的同时，可对人体比例有一个全面的了解，为设计和改变服装款式和造型提供了科学依据。

　　本书是在对服装结构理论研究的基础上，集原型法、比例法、立裁法等多种裁剪法的优点于一身，以我国标准体型的人体比例为基准。当裁制不同季节的服装时，人们只需根据内衣厚度调整服装结构。服装裁剪的技术关键是领型的设计和袖与袖子结构的准确定位，为使其制图结构达到一步到位准确无误的效果，发明了"曲线尺"专用工具，并申报了国家专利。用"曲线尺"人们可方便准确地调整出任何弧线部位的制图结构，省去了烦琐的制图打板步骤。本书主要针对毫无裁剪经验的读者，对不同规格、造型的服装制图结构的定位依据及允许误差值都有详细介绍，即使是毫无经验的初学者，通过本书也能裁出符合各种体型的服装。本书所介绍的裁剪方法，既适合业余服装爱好者学习，又可供专业裁剪师参考使用，同时又能适应服装技术人员进行打样推板，特别是配合专利工具的使用，可使服装制图达到既简便、省时，又快速、准确的效果由于作者水平有限，书中难免会有疏漏之处，望广大读者提出宝贵意。